Bettina Dorfmann

Barbie

PUPPEN-PREISFÜHRER 2015/2016

Dieses Buch
widme ich
meiner Tochter
Melissa
und meinem
Mann Jörg.

Titelbild
T´NT Short Flip Stacey von 1970

Bettina Dorfmann

Barbie

PUPPEN-PREISFÜHRER 2015/2016

Herausgeber:
Tom Wellhausen

Autorin:
Bettina Dorfmann

Verlag:
Wellhausen & Marquardt
Mediengesellschaft bR
Hans-Henny-Jahnn-Weg 51
22085 Hamburg
Telefon: 040 / 42 91 77-300
Telefax: 040 / 42 91 77-399

E-Mail: post@wm-medien.de
Internet: http://www.wm-medien.de

Leitung Redaktion/Grafik:
Jan Schönberg

Redaktion:
Tobias Meints

Layout & Satz:
Martina Gnaß

Geschäftsführer:
Sebastian Marquardt

Verlagsleitung:
Christoph Bremer

Druck:
Grafisches Centrum Cuno GmbH & Co. KG
Gewerbering West 27, 39240 Calbe
Telefon: 03 92 91 / 42 80
Telefax: 03 92 91 / 428 28

Gedruckt auf chlorfrei gebleichtem Papier.
Printed in Germany.

Haftung:
Sämtliche Angaben wie Daten, Preise, Namen, Termine usw. ohne Gewähr.

Barbie-Puppen-Preisführer 2015/16 ist ein Fachbuch der Zeitschrift

PUPPEN & SPIELZEUG

wellhausen & marquardt
Mediengesellschaft

2015 by Wellhausen & Marquardt Medien

Printed in Germany
ISBN: 978-3-939806-80-6

Barbie – Wie alles begann

Die 1945 gegründete Firma Mattel stellte zuerst Bilderrahmen aus Holz und Puppenmöbel her. Auf diese Weise konnte man die kleinen Holzreste noch weiter verwerten, die beim Rahmenbau anfielen. Das Sortiment wurde ständig erweitert und es entstanden immer wieder neue Spielzeugartikel. Ruth Handler, Mitgründerin der Firma Mattel, beherrschte die Vermarktungstechnik ihrer Spielzeuge hervorragend. Als sie beobachtete, wie ihre Tochter Barbara mit Papierankleidepuppen spielte, hatte sie die Idee, eine Puppe zu produzieren, die eine erwachsene Person darstellen sollte. Sie wusste nur noch nicht, wie das gehen sollte. Doch dann entdeckte Ruth Handler 1958 auf einer Europa-Reise „Bild Lilli".

Bild Lilli wurde am 24. Juni 1952 als Zeichnung von Reinhard Beuthin in der Bild-Zeitung geboren. Sie war ein so großer Erfolg, dass man den Cartoon in eine Puppe umsetzte. 1955 wurde die Lilli-Puppe von Max Weißbrodt, der die Elastolin-Figuren bei der Firma O & M Hausser in Neustadt/Coburg modellierte, gefertigt. Lillis blondes Haar wurde mit einem schwarzen Lackband zu einem Pferdeschwanz gebunden. Sie trug schwarze, modellierte Schuhe sowie Ohrringe und für die damalige Zeit sehr kesse Outfits. Angeboten wurde sie in einer Klarsichtröhre mit einer kleinen Bild-Zeitung und Ständer.

Von Lilli zu Barbie

Ruth Handler ließ sich von Lilli inspirieren. Im Jahr 1959 wurde Barbie auf der Toy Fair in den USA vorgestellt. Die Neuentwicklung war ein großer Erfolg. Die erste Auflage, etwa 35.000 Stück, war in kürzester Zeit ausverkauft und Barbie entwickelte sich schnell zur meistverkauften Puppe der Welt. Zuerst hatte sie einen steifen und massiven Körper. Ab 1961 wurde der Körper hohl produziert. Da die Puppe nun leichter war, konnten die Kinder mit dieser Variante besser spielen. Auch an Barbies Hautfarbe wurden Verbesserungen vorgenommen. Die ersten drei Ausgaben waren nicht lichtecht, diese Puppen bekamen nach einiger Zeit eine ganz helle Farbe – kurz gesagt: Sie blichen aus.

Innovationen

Im Jahr 1965 kamen die ersten Barbies mit knickbaren Kniegelenken auf den Markt und ab 1966 wurde die beweglich Taille eingeführt. Im gleichen Jahr nahmen die Produzenten zudem Änderungen an Gesicht und Make-up vor. Die Puppe verfügte nun über langes, glattes Haar und eingezogene Wimpernhaare. Die ersten Barbie-Puppen wurden in den Haarfarben Blond und Brünett angeboten. Ab der fünften Ausgabe, die 1963 erschien, gab es Barbie mit allen möglichen Haarfarben und Schattierungen. Ab 1961 wurde eine weitere Frisur angeboten, die Bubble-Cut-Frisur, die einer toupierten Kurzhaarfrisur glich. Klassisch wurde Barbie in einen Badeanzug gekleidet mit passenden Sandaletten, einem Ständer und einem kleinen Modekatalog verkauft. Andere Outfits gab es extra. Abendgarderobe, Hochzeitskleider, Schlafanzüge, Freizeitgarderobe, Sportkleidung und natürlich auch Berufsbekleidung wurden in den Geschäften vertrieben. Anfang der 1960er-Jahre trug Barbie weite Röcke mit Petticoat. Mitte der 1960er wurden die Röcke enger und man trug den passenden Pillbox-Hut. Der Jackie Kennedy-Look eroberte die Mode. Ende der 1960er wurde die Mode sehr farbenfroh, man trug Mini und Maxi, Fransen und Stirnbänder waren „in", die Mode wurde jugendlicher und frecher.

Veränderungen

Ende der 1960er- Anfang der 1970er-Jahre bekam Barbie eine neue Frisur, das Haar war nur noch schulterlang und zu einer Außenrolle frisiert. 1971 wurde eine ganz neue Serie produziert, die „Malibu-Puppen". Sie hatten gemalte Wimpern, blondes Haar – nur Christie verfügt über schwarzes Haar – und eine sonnengebräunte Haut. Eine weitere Neuerscheinung in diesem Jahr war die Growin'Hair Barbie, sie wurde mit verschiedenen Haarteilen und Haarschmuck angeboten. Ihr Pferdeschwanz war in der Länge variabel, so konnte man die Frisur beliebig verändern. Nach der wilden „Flower Power Zeit" eroberte der Romantik-Look die Mode. Man trug lange Kleider aus Baumwolle mit Rüschenbesatz. Ebenfalls wurden viele Kleidungsstücke aus Synthetik-Fasern produziert, dieses Material war pflegeleicht und daher sehr beliebt.

Barbie ist ein Spiegel unserer Zeit, nicht nur in der Mode, sondern auch im täglichen Leben, hierbei spielen die Bereiche Sport und Beruf eine große Rolle, da Barbie ein Spielzeug ist und die Kinder auf das Leben in der Welt der Erwachsenen vorbereiten soll. Von Anfang an führte Barbie Berufe aus und trieb Sport. So können die Kinder sich mit den vielen verschiedenen Berufen auseinandersetzen und überlegen, welcher für sie selbst in Frage kommt. Barbie ist Pilotin, Lehrerin, Fotografin, Präsidentin – alles ist möglich.

Preisangabe

In diesem Preisführer sind jeweils zwei verschiedene Preise angegeben. Diese beziehen sich auf den Zustand der vorgestellten Puppen.
Erste Preisangabe: Unbespielte Puppen mit Original-Outfit und Zubehör.
Zweite Preisangabe: Puppen, die noch original verpackt sind.

Um den Preis einer bespielten Puppe festlegen zu können, muss man sie genau prüfen. Ist zum Beispiel die Frisur nicht mehr im Originalzustand, sind die Originalkleidung und das Zubehör nicht mehr vorhanden oder Fehler zu erkennen, so wird die erste Preisangabe aufgrund der Mängel reduziert.

Legende

Die in diesem Preisführer vorgestellten Puppen sind mit allen wichtigen Basis-Informationen versehen. Letztere sind stets in der gleichen Reihenfolge vermerkt.
In der **1. Zeile** finden sich der **Name** der Puppe sowie das **Herstellungsjahr**.
In der **2. Zeile** ist die **Artikel-Nummer** aufgeführt. Diese beginnt mit dem Rauten-Symbol.
In der **3. Zeile** ist die **Preisangabe** vermerkt: Die erste bezieht sich auf unbespielte, die zweite auf originalverpackte Puppen
In der **4. Zeile** findet sich die **Markierung** der Puppe. Diese ist auf dem Körper jeder Barbie vermerkt.

Über die Autorin

Bettina Dorfmann, die mit ihrem Mann und ihrer Tochter in Düsseldorf wohnt, besitzt die weltgrößte Barbie-Puppen-Sammlung mit mehr als 17.000 Barbie-Puppen aus der Zeit der 1960er- bis zur Mitte der 70er-Jahre, und steht damit unter anderem im „Guinness Buch der Rekorde“.

Ein Teil ihrer Sammlung ist in Vitrinen ausgestellt, aber ein Großteil der Puppen und des Zubehörs befindet sich in Barbie-Puppen-Ausstellungen, die man in Museen überall in Deutschland sehen kann. Auch im Ausland sind die Ausstellungen präsent. Die Exposition „Busy Girl, Barbie macht Karriere“, die Bettina Dorfmann zusammen mit Karin Schrey konzipiert hat, ist bereits seit 2004 ohne Pause in vielen deutschen Museen unterwegs. Die entsprechenden Termine und Informationen gibt es auf der Website der Autorin unter: www.barbiepuppenklinik.de. In Ihrer Barbie-Klinik repariert und restauriert Bettina Dorfmann Barbie-Puppen, die aus ganz Europa eintreffen. Auch das Schätzen und Begutachten der Puppen und des Zubehörs gehören zur täglichen Arbeit der Expertin.

Bettina Dorfmann ist zudem als Buchautorin tätig. Die beiden ersten Bücher „Barbie und die Mode der wilden 70er“ und das Begleitbuch zur Ausstellung „Busy Girl, Barbie macht Karriere“ sind in Deutschland beim Arachne Verlag erschienen. Das dritte Buch „Barbie – the first 30 Years“ ist in den USA von Collector Books verlegt worden. Für ihre Arbeiten im Barbie-Puppen- und Puppenbereich wurde ihr im November 2011 auf den Puppenfesttagen in Eschwege der DollAmi-Award verliehen.

Natürlich ist sie publizistisch auch im Bereich der Sammler-Magazine tätig. Jeden zweiten Monat erscheint die Zeitschrift **PUPPEN & Spielzeug**, für die Bettina Dorfmann die Barbie-Artikel produziert.

Ponytail Barbiepuppe #1 mit Box von 1959
#850
4.000,– Euro/8.000,– Euro
Barbie T.M./Pats.Pend./©MCMLVIII/by/Mattel/Inc.

Die erste Barbiepuppe hatte einen Pferdeschwanz, daher der Name „Ponytail", und wurde in den Haarfarben Blond und Brünett angeboten. Ihr Körper war massiv und hatte keine beweglichen Kniegelenke. Die Augen waren nur in den Farben Schwarz und Weiß von Hand gemalt, sie hatte rote Lippen und kantige Augenbrauen. Da ihre Hautfarbe nicht lichtecht ist, hat sie sich im Laufe der Zeit in einen hellen elfenbeinfarbigen Ton verfärbt. Sie trug einen schwarz/weiß gestreiften Badeanzug, schwarze, offene Sandaletten, goldfarbene Creolen und eine weiße Sonnenbrille mit blauen Gläsern. Als Zubehör dienten ein kleiner Modekatalog und ein Ständer mit zwei Pins, auf die die Barbiepuppe gesteckt wurde, daher befand sich in jeder Fußsohle ein kleines Loch. Ihre Verkaufsschachtel war mit den Modezeichnungen der angebotenen Barbie-Outfits bedruckt.

Ponytail Barbiepuppe #2 von 1959
#850
4.000,– Euro/ 8.000,– Euro
Barbie T.M./Pats.Pnd./©MCMLVIII/by/Mattel/Inc.

Die Auflage der Barbiepuppen #2 erfolgte noch im gleichen Jahr. Verändert wurde nur der Ständer, die Puppe wurde jetzt unter den Armen befestigt und man konnte daher auf die Löcher in den Fußsohlen verzichten. Eine weitere Veränderung erfolgte nur auf der Verkaufsschachtel, das T. M. Zeichen wurde durch das © Zeichen ersetzt.

Ponytail Barbiepuppe #3
mit braunem Lidschatten von 1960
#850
750,– Euro/1.100,– Euro
Barbie T.M./Pats.Pend./©MCMLVIII/by/Mattel/Inc.

Die Ponytail Barbiepuppe #3 wurde nun nicht mehr von Hand bemalt, sondern mittels einer Schablone von Hand besprüht. Ab jetzt bekam ihre Iris eine blaue Farbe und die Augenbrauen eine geschwungene Form. Sie wurde mit den Lidschattenfarben Braun und Blau angeboten.

Ponytail Barbiepuppe #3 mit blauem Lidschatten von 1960
#850
750,– Euro/1.100,– Euro
Barbie T.M./Pats.Pend./©MCMLVIII/by/Mattel/Inc.

Ponytail Barbiepuppe #4
(in Easter Parade) von 1960
#850
350,– Euro/700,– Euro
Barbie T.M./Pats.Pend./©MCMLVIII/
by/Mattel/Inc.

Auch bei der Ausgabe #4 gab es wieder eine Verbesserung, das Kunststoffmaterial der Puppe verblasste nicht mehr und behielt nun seine Farbe. Dieses neue Material bekam nach einiger Zeit eine ölige Oberfläche, daher nennt man diesen Effekt auch „Oily Face". Sie wurde in den Haarfarben Blond und Brünett angeboten und trug einen blauen Lidschatten. Der Badeanzug und die Accessoires haben sich nicht verändert.

Ponytail Barbiepuppe #5 von 1961
#850
300,– Euro/650,– Euro
Barbie®/Pats.Pend./©MCMLVIII/by/Mattel/Inc.

Die Barbiepuppe #5 wurde aus einem Hartplastikmaterial gefertigt, das es möglich machte, den Puppenkörper innen hohl zu produzieren. Neben den Haarfarben Blond und Brünett wurde die Ponytail jetzt auch in der Haarfarbe Tizian angeboten. Sie trug den schwarz/weißen Badeanzug, schwarze Sandaletten und ab jetzt weiße Perlenohrstecker. Ab dieser Ausgabe bekam jede Barbiepuppe ein „Wrist Tag“ aus Papiermaterial, das ihren Namen trug und gleichzeitig als Siegel diente.

Bubble Cut Barbiepuppe von 1961
#850
150,– Euro/350,– Euro
Barbie®/Pats.Pend./©MCMLVIII/
by/Mattel/Inc.

Die Barbiepuppe Bubble Cut hatte eine ganz neue, aktuelle Kurzhaarfrisur bekommen, die Anfang der 60er Jahre ganz neu aufkam. Die Haarfarben waren wie zuvor Blond, Brünett und Titian, aber ab jetzt in verschiedenen Farbtönen erhältlich.

Ponytail Barbiepuppe von 1962
#850
280,– Euro/650,– Euro
Barbie®/Pats.Pend./©MCMLVIII/ by/Mattel/Inc.

Die Ponytail Barbiepuppe von 1962 entsprach der vorherigen Ausgabe, nur ihre Kleidung änderte sich. Ab jetzt wurde sie mit einem einteiligen roten Badeanzug und roten Sandaletten ausgestattet. Ebenfalls trug sie wie zuvor die weißen Perlenohrstecker.

Bubble Cut Barbiepuppe mit Box von 1962
#850
150,– Euro/350,– Euro
Barbie®/Pats.Pend./©MCMLVIII/by/Mattel/Inc.

Auch bei dieser Ausgabe veränderte sich genau wie bei der Ponytail Barbiepuppe nur der Badeanzug und die Sandaletten, die nun die Farbe Rot hatten.

Bubble Cut Barbie
mit Box von 1963
#850
120,– Euro/300,– Euro
Midge T.M./©1962/
Barbie®/©1958/
by/Mattel/Incl.

Bubble Cut Barbie Puppe (in Outdoor Art Show) von 1963
#850
120,– Euro/300,– Euro
Midge T.M./©1962/Barbie®/©1958/by/Mattel/Incl.

GENUINE
TEEN AGE FASHION MODEL
BY MATTEL
Barbie
Barbie
GENUINE
TEEN AGE FASHION MODEL
BY MATTEL

Swirl Ponytail Barbiepuppe von 1964
#0850
250,– Euro/600,– Euro
Midge T.M./©1962/Barbie®/©1958/by/Mattel, Incl./Patented

Der Name „Swirl Ponytail“ bezeichnet die neue Frisur der Barbiepuppe. Sie hatte einen Pferdeschwanz und statt des Ponys wurde ihr eine Haarsträhne von links nach rechts über die Stirn gezogen und in den Pferdeschwanz mit eingebunden. Das Haarmaterial war ein spezielles, Mohair-ähnliches Kunsthaar, das sehr fein war und daher für diese Frisur besonders geeignet. Die verschiedenen Haarfarben waren in vielen verschiedenen Tönen erhältlich. Es gab eine spezielle Ausgabe der Swirl Ponytail mit brünetten Haaren, die einen gold/weiß gestreiften Badeanzug trug.

Swirl Ponytail Barbiepuppe in Box von 1964
#0850
250,– Euro/600,– Euro

Die normale Ausgabe der Swirl Barbiepuppe trug wie die anderen Barbiepuppen-Modelle einen roten, einteiligen Badeanzug, rote Sandaletten und weiße Perlenohrstecker.

Midge brünett, blond und tizian in Box von 1963
#860
110,– Euro/230,– Euro
Midge T.M. © 1962/Barbie®/ ©1958/by Mattel, Inc.

1963 kam erstmalig Midge, Barbies Freundin, auf den Markt. Midge hatte den gleichen Körper wie Barbie, daher konnte sie auch ihre Kleidung tragen. Allerdings bekam sie ein völlig anderes Gesicht. Midge hatte große, blaue Augen und Sommersprossen. Auch die Frisur war ganz neu, sie hatte schulterlanges Haar, das zu einer Außenrolle gedreht war. Das Haarmaterial war sehr fest und Midge war in den Haarfarben Blond, Tizian und Brünett erhältlich. Bekleidet war sie mit einem zweifarbigen Bikini, der auf ihre Haarfarbe abgestimmt war. Speziell für die Midgepuppe wurde eine eigene Verkaufsbox entworfen, die ihren Namen trug.

Midge blond in Box von 1963
#860
110,– Euro/230,– Euro
Midge T.M. © 1962/Barbie®/ ©1958/by Mattel, Inc.

Fashion Queen Barbiepuppe in Box von 1963
#870
150,– Euro/500,– Euro
Midge T.M./©1962/Barbie®/©1958/ba/Mattel, Inc.

Eine ganz besondere Neuheit in diesem Jahr war die Fashion Queen Barbiepuppe. Sie hatte modelliertes Haar und wurde von 3 Perücken und einem passenden Perückenständer angeboten. Die Perücken hatten die Haarfarben Blond, Brünette und Tizian und nannten sich „Bubble-on-a-Bubble“, „Side Part Flip“ und „Page Boy“. Die Kleidung der Fashion Queen Barbiepuppe bestand aus einem gold/weiß gestreiftem Badeanzug mit passender Haube, weißen Sandaletten, weißen Perlenohrsteckern und einem blauen Haarband.

Fashion Queen
Box Rückseite
von 1963
#870

Fashion Queen Kopf original verpackt
60,– Euro/450,– Euro

Den Fashion Queen Barbiepuppenkopf konnte man einzeln mit 3 Perücken und Perückenständer kaufen, so hatte man die preiswerte Möglichkeit eine neue Barbiepuppe zu erwerben. Der Fashion Queen Kopf passte auf die bisher erhältlichen Barbiepuppen und konnte problemlos gewechselt werden.

Miss Barbiepuppe mit Box von 1964
#1060
480,– Euro/1.500,– Euro
©1958/Mattel, Inc./U.S.Ptented/U.S.Pat.Pend. (Eingravierte Markierung)

Die Miss Barbiepuppe hatte zwei neue, ganz besondere Merkmale. Ihre Beine waren an den Kniegelenken knickbar und sie hatte blaue Schlafaugen. Der Kopf der Miss Barbiepuppe war aus einem Hartplastikmaterial gefertigt und hatte braunes, modelliertes Haar, das mit einem orangefarbenen Haarband verziert war. Sie trug einen rosafarbenen Badeanzug mit Goldglimmer, eine passende Badehaube aus Wollfransen und rosafarbene Sandaletten. Als Zubehör dienten eine Hollywoodschaukel, eine Palme, ein Taschenradio, Zeitungen und ein Perückenständer mit 3 verschiedenen Perücken.

TEEN-AGE FASHION MODEL BY MATTEL
Barbie
WITH
"LIFELIKE"
BENDABLE
LEGS

American Girl Barbiepuppe mit Box von 1965
#1070
550,– Euro/1.200,– Euro
1965: ©1958/Mattel, Inc./U.S.Patented/U.S.Pat.Pend. (Eingravierte Markierung)
1966: ©1958/Mattel, Inc./U.S.Patented/U.S.Pat.Pend./Made in/Japan (Eingravierte Markierung, außer „Made in Japan" war erhaben)
Ende 1966:©1958/Mattel, Inc./U.S.Patented/U.S.Pat.Pend./Made in/Japan

Die Bendable Legs (knickbare Kniegelenke) Barbiepuppe ist auch bekannt unter dem Namen „American Girl". Das American Girl hatte eine Pagen-Frisur, die in den unterschiedlichsten Längen angeboten wurde, auch die Haarfarben waren in allen Schattierungen vorhanden. Das Makeup war jeweils auf die Haarfarbe abgestimmt, es gab zart bemalte Puppen und auch stark geschminkte Ausgaben, die bei den Sammlern sehr beliebt sind, man nennt sie in den Sammlerkreisen „High Color American Girls". Bekleidet war die Bendable Legs Barbiepuppe mit einem Badeanzug, der ein gestreiftes Oberteil und ein türkisblaues Hosenteil hatte. Dazu trug sie türkisblaue Sandaletten. Das American Girl trug keine Ohrstecker, daher ist es für den Wert der Puppe sehr wichtig, dass sie keine Ohrlöcher hat.

Bendable Legs Midge mit Box von 1965
#1080
350,– Euro/750,–
1965: ©1958/Mattel, Inc./U.S.Patented/U.S.Pat.Pend. (Eingravierte Markierung)
1966: ©1958/Mattel, Inc./U.S.Patented/U.S.Pat.Pend./Made in/Japan (Eingravierte Markierung, außer „Made in Japan“ war erhaben)
Ende 1966:©1958/Mattel, Inc./U.S.Patented/U.S.Pat.Pend./Made in/Japan

Natürlich wurde Barbies Freundin Midge dem neuen Style angepasst. Sie bekam ebenfalls eine neue Frisur, die ähnlich wie ein Pagenkopf geschnitten war. Midge wurde in den Haarfarben Blond, Brünett und Tizian angeboten. Sie hatte ebenfalls knickbare Kniegelenke. Ihr Badeanzug hatte bunte Querstreifen, dazu trug sie türkisfarbene Sandaletten und ein türkisfarbenes Haarband.

Deutsche Bendable Legs Barbiepuppe mit Box von 1967
#1163
600,– Euro/1.500,– Euro
©1958/Mattel, Inc./U.S.Patented/U.S.Pat.Pend./Made in/Japan

Es gab noch eine weitere Ausgabe der Bendable Legs Barbiepuppe, diese hatte schon den nachfolgenden, neuen Barbiepuppenkopf, knickbare Kniegelenke und eine hellere, rosigere Hautfarbe bekommen. Ihr Haar reichte bis zur Taille und die beiden seitlichen Haarsträhnen wurden auf dem Kopf zusammengebunden. Ihre Bekleidung und auch ihre Verkaufsbox waren die gleichen wie die des American Girls. Das Besondere an ihrer Box war ein aufgeklebter Sticker, der die neue Artikelnummer „1163“ trug.

TEEN-AGE FASHION MODEL BY MATTEL®
Barbie®
WITH
"LIFELIKE"
BENDABLE
LEGS
Barbie®
with
"LIFELIKE"
BENDABLE
LEGS

American Girl Straight Legs
Barbiepuppe „Pink Skin“
1.500,– Euro/3.000,– Euro
MidgeT.M./©1962/Barbie®/
©1958/by/Mattel, Inc.

Das „ American Girl Straigt Legs“ hatte, im Gegensatz zum „American Girl Bendable Legs“, steife Beine und eine helle, rosige Hautfarbe, die man unter Sammlern „Pink Skin“ nennt. Diese Barbiepuppen sind sehr selten, da sie nur in geringen Stückzahlen produziert worden sind, und haben daher einen sehr hohen Sammlerwert.

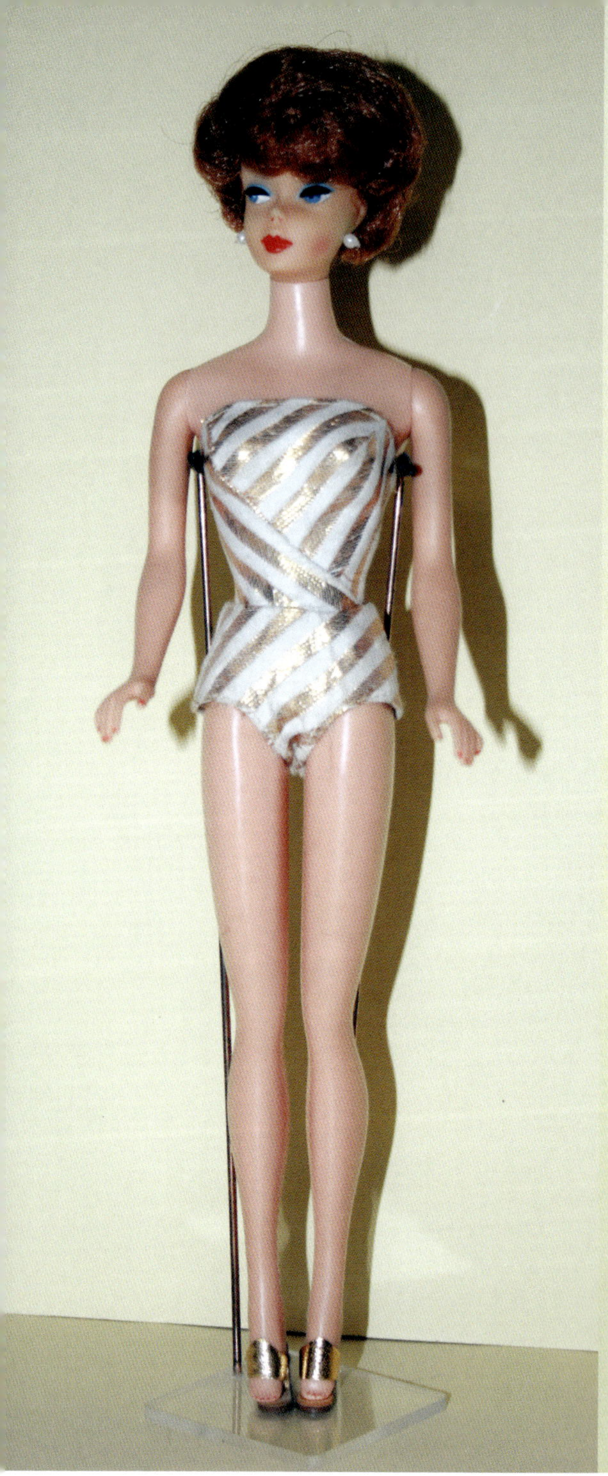

Bubble Cut Straight Legs
Barbiepuppe „Pink Skin“
1.500,– Euro/3.000,– Euro
MidgeT.M./©1962/Barbie®/
©1958/by/Mattel, Inc.

Diese Ausgabe der Bubble Cut Barbiepuppe hatte wie die bisherige Bubble Cut Barbiepuppe steife Beine und eine blasenförmige Kurzhaarfrisur. Sie unterscheidet sich lediglich in ihrer Hautfarbe, die in diesem Fall heller und rosiger war und durch ein kräftigeres Makeup. Diese Puppen wurden nur in geringen Stückzahlen hergestellt, daher erzielen sie bei den Sammlern einen hohen Wert.

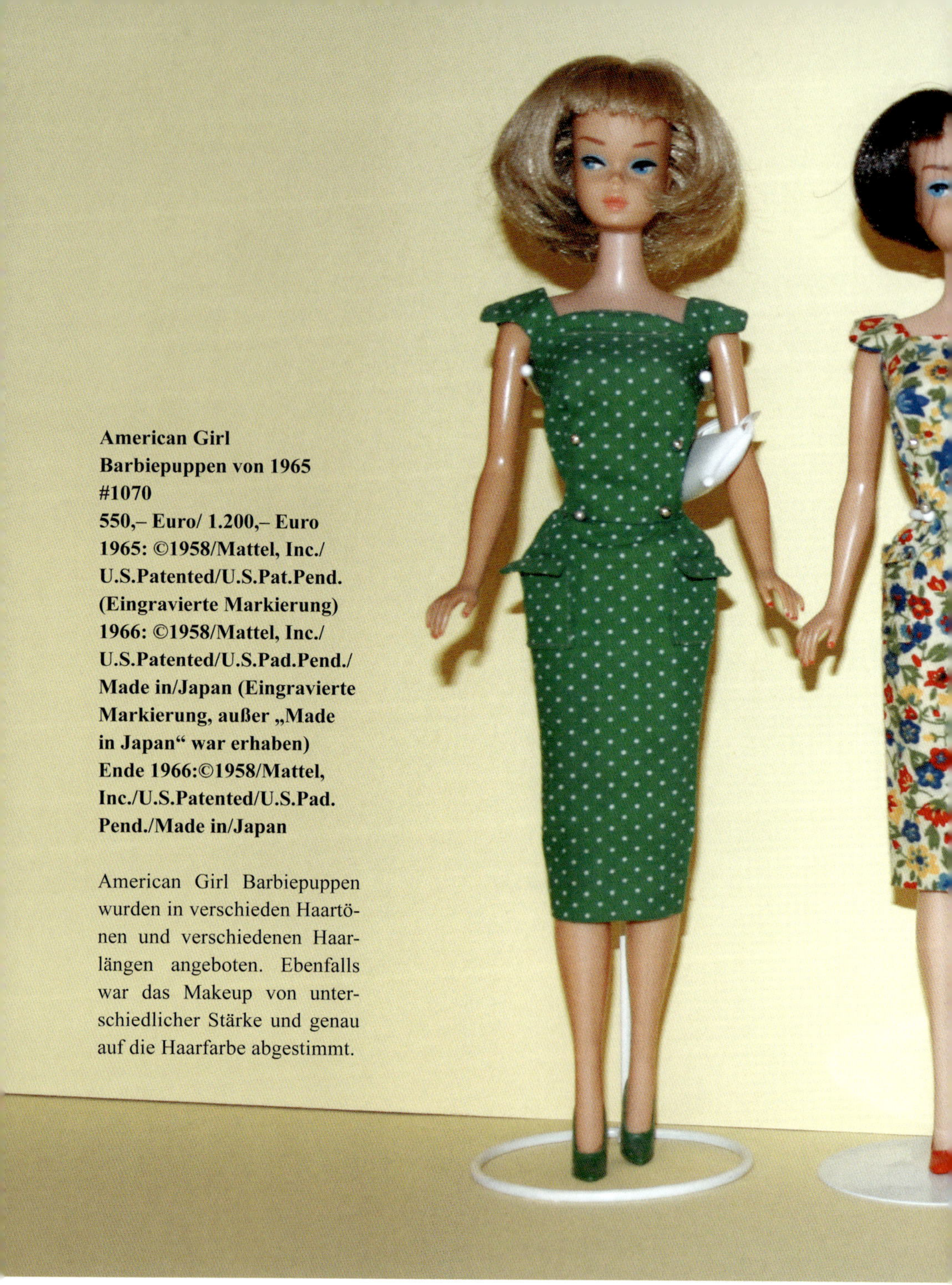

American Girl
Barbiepuppen von 1965
#1070
550,– Euro/ 1.200,– Euro
1965: ©1958/Mattel, Inc./ U.S.Patented/U.S.Pat.Pend. (Eingravierte Markierung)
1966: ©1958/Mattel, Inc./ U.S.Patented/U.S.Pad.Pend./ Made in/Japan (Eingravierte Markierung, außer „Made in Japan“ war erhaben)
Ende 1966:©1958/Mattel, Inc./U.S.Patented/U.S.Pad. Pend./Made in/Japan

American Girl Barbiepuppen wurden in verschieden Haartönen und verschiedenen Haarlängen angeboten. Ebenfalls war das Makeup von unterschiedlicher Stärke und genau auf die Haarfarbe abgestimmt.

Barbie
with
"LIFELIKE"
BENDABLE
LEGS
TEEN-AGE FASHION MODEL BY MATTEL
Barbie
WITH
"LIFELIKE"
BENDABLE
LEGS

American Girl Barbiepuppe „Sidepart" in Box
1.500,– Euro/3.000,– Euro
1965: ©1958/Mattel, Inc./U.S.Patented/U.S.Pat.Pend./Made in Japan
1966: ©1958/Mattel, Inc./U.S.Patented/U.S.Pat.Pend./Made in Japan

Das „American Girl Side Part" ist ein ganz besonderes Sammlerstück, da es nur in sehr geringen Stückzahlen verkauft wurde. Diese Barbiepuppe ist nur sehr schwer zu bekommen und für jede Sammlung ein Highlight! Die Besonderheit an dieser Barbiepuppe ist ihre Frisur, sie hat einen Seitenscheitel und schulterlanges, gewelltes oder glattes Haar. Ihre Haarfarben waren Blond und Brünett und sie trug ein türkisfarbenes Haarband. Ihre Kniegelenke waren knickbar und sie hatte den grauen Hautton. Bekleidet war das American Girl Side Part mit dem gleichen Badeanzug und den türkisfarbenen Sandaletten wie das American Girl. Auch ihre Box war identisch.

Barbie
COLOR
MAGIC
CHANGER
A
Barbie
COLOR
MAGIC
CHANGER
B

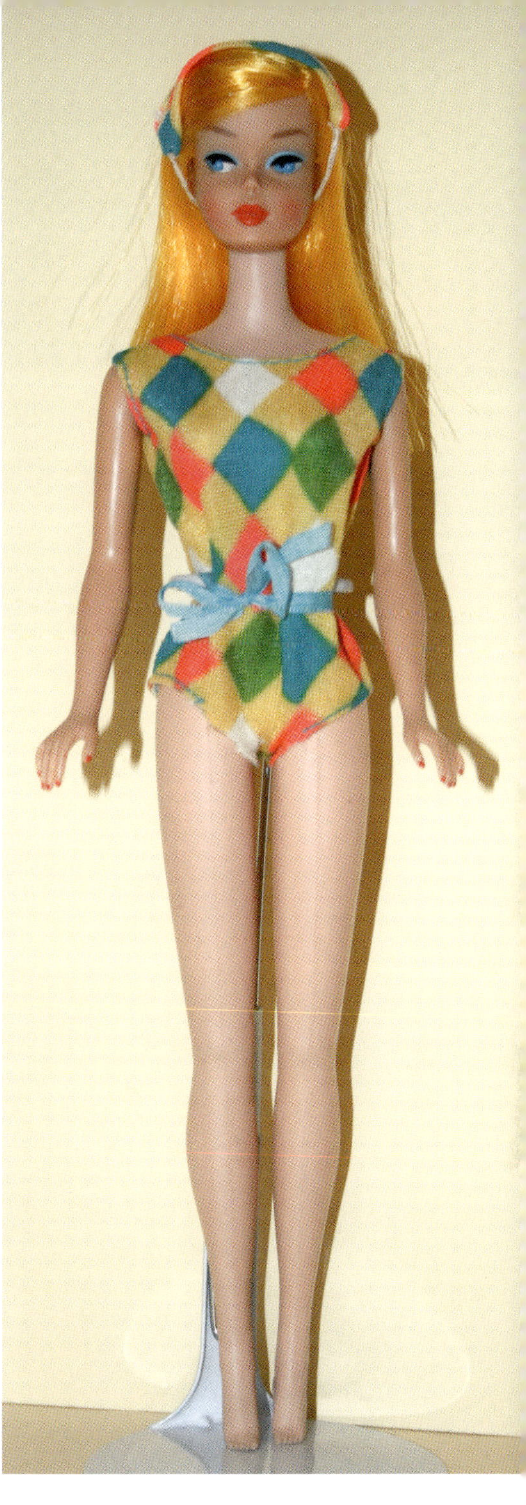

Color Magic Barbiepuppe, rotes Haar, in Box von 1966
#1150
1.500,– Euro/2.800,– Euro
©1958/Mattel Inc./U.S.Patented/ U.S.Pat.Pend./Made in Japan

Die Color Magic Barbiepuppe wurde in den Haarfarben Blond, das einem Sonnengelb glich, und Schwarz angeboten. Die Neuheit an dieser Ausgabe war, dass man das Haar und auch die Kleidung mit dem beigefügten Pulver färben konnte. Nach der Einfärbung bekam das blonde Haar einen rotorangen Farbton und das schwarze Haar einen dunkelroten Farbton. Natürlich konnte man durch neues Einfärben die Originalhaarfarbe immer wieder zurückfärben. Das glatte Haar reichte bis zu den Schulterblättern und war zu einem Seitenscheitel frisiert. Die Color Magic Ausgabe hatte knickbare Kniegelenke und einen grauen Teint. Bekleidet war sie mit einem einteiligen Badeanzug, der ein buntes Rautenmuster hatte, einem passenden Stirnband und türkisfarbenen Sandaletten.

Color Magic Barbiepuppe, blondes Haar, von 1966
#1150
450,– Euro/1.200,– Euro
©1958/Mattel Inc./U.S.Patented/ U.S.Pat.Pend./Made in Japan

Straight Legs Francie in Box von 1966
#1140
150,– Euro/350,– Euro
©1965/Mattel Inc./U.S.Patented/U.S.Pat.Pend./Made in Japan

1966 wurde das Barbie-Sortiment erweitert, die Barbiepuppe bekam eine jüngere Cousine mit dem Namen Francie. Die Straight Legs Francie hatte steife Beine, braune Augen und keine echten Wimpernhaare. Sie wurde in den Haarfarben Blond und Brünett vertrieben. Bekleidet war sie mit einem hochaktuellen Bikini in den Farben Rot und Weiß. Francie war ca. 1 cm kleiner als Barbie, schlanker, hatte weniger Brust und flacher gestellte Füße. Da die Kleidung der Barbiepuppe für Francie zu groß war wurde für Francie eine eigene Kleider-und Schuh-Kollektion entworfen.

francie
Barbie's® 'MOD'ern cousin
BY MATTEL
francie

Twist´N Turn Barbiepuppe
in Box von 1967
#1160
180,– Euro/650,– Euro
©1966/Mattel Inc./U.S.Patented/
U.S.Pat.Pend./Made in/Japan

1967 wurde die Barbiepuppe komplett verändert, sie bekam ein jugendliches Aussehen. Dieses Model hatte nun große, blaue Augen echte Wimpernhaare und langes, glattes Haar, das bis zur Taille reichte. Sie trug einen Pony und die Vielzahl ihrer Haarfarben war enorm. Sehr selten sind die rothaarigen Twist´ N Turn Barbiepuppen zu finden, da diese Haarfarbe nur durch Oxidation zu Stande kam. Nicht nur das Äußere der Puppe wurde der neuen Mode angepasst, sie wurde auch viel beweglicher. Eine drehbare Taille, die schräg angesetzt war, machte die Barbiepuppe um vieles beweglicher. Natürlich hatte sie auch knickbare Kniegelenke und ihr Teint war rosig. Die Körpermaße blieben, daher konnte sie ihre alte Garderobe noch tragen. Natürlich wurde der damaligen Mode entsprechend eine Großzahl von neuen Outfits produziert. Angeboten wurde sie in einem weißen Netzbadeanzug unter dem sie einen orangefarbenen Kunststoff Bikini trug.

Twist´N Turn Barbiepuppe
von 1967
#1160
180,– Euro/650,– Euro
©1966/Mattel Inc./U.S.Patented/
U.S.Pat.Pend./Made in/Japan

Standard Barbiepuppe in Box von 1967
#1190
180,– Euro/550,– Euro
Midge T.M./©1962/Barbie®/©1958/by/Mattel, Inc./Patented

Die Standard Barbiepuppe hatte das gleiche neue jugendliche Aussehen wie die Twist´ N Turn Ausgabe, aber sie hatte keine bewegliche Drehtaille, keine knickbaren Kniegelenke und keine eingezogenen Wimpernhaare. Die Wimpern waren aufgemalt. Bekleidet war diese Ausgabe mit einem pinkfarbenen Bikini, der auf der Hose mit einer weißen Blume verziert war.

NEW
Barbie®
Teen-Age Fashion Model
BY MATTEL

Bendable Legs Francie in Box von 1966
#1130
150,– Euro/500,– Euro
©1965/Mattel Inc./U.S.Patented/U.S.Pat.Pend./Made in Japan

Die Bendable Legs Francie hatte knickbare Kniegelenke, braune Augen und eingezogene Wimpern. Ihr schulterlanges Haar war zu einer leichten Außenrolle frisiert und in den Haarfarben Blond und Brünett erhältlich. Sie trug einen einteiligen Badeanzug mit grünem Hosenteil.

Twist´N Turn Francie
in Box von 1967
#1170
150,– Euro/500,– Euro
©1966/Mattel, Inc./
U.S.Patented/U.S.Pat.Pend./
Made in/Japan

Natürlich wurde die nächste Ausgabe der Franciepuppe dem neuen Style der Twist´N Turn Barbiepuppe angepasst. Francie bekam ebenfalls eine drehbare Taille und eingezogene Wimpernhaare. Ihr neuer Badeanzug hatte ein gestreiftes Strickoberteil, ein pinkfarbenes Hosenteil und einen grünen Gürtel mit goldfarbener Schnalle. Sie wurde in den Haarfarben Blond und Brünett hergestellt.

Colored Francie in Box von 1967
#1100
800,– Euro/1.500,– Euro
©1966/Mattel, Inc./U.S.Patented/U.S.Pat.Pend./Made in/Japan

Nur sehr selten findet man die Colored Francie, daher ist sie für den Sammler ein sehr gesuchtes Stück. Da man bei dieser Ausgabe nur die Hautfarbe und nicht die Gesichtszüge verändert hatte, wurde diese Puppe kein großer Erfolg. Sie hatte dunkelbraunes Haar, braune Augen, eingezogene Wimpern, knickbare Kniegelenke und eine drehbare Taille. Man findet auch rothaarige Ausgaben, die mit der Zeit oxidiert sind. Ihr Outfit war ein weißer Netzbadeanzug mit buntgemustertem Ober- und Hosenteil.

Casey in Box von 1967
#1180
150,– Euro/550,– Euro
©1966/Mattel, Inc./U.S.Patented/U.S.Pat.Pend./Made in/Japan

1967 wurde der Barbiepuppen-Stammbaum wieder einmal erweitert. Francies Freundin Casey wurde eingeführt. Casey hatte blaue Augen, eingezogene Wimpern knickbare Kniegelenke, eine drehbare Taille und kinnlanges Haar. Sie wurde in den Haarfarben Blond und Brünett angeboten. Das brünette Haar oxidierte teilweise im Laufe der Jahre und schlug in ein Dunkelrot um. Casey hatte den gleichen Körper wie Francie und konnte daher ihre Kleidung tragen. Caseys Originaloutfit war ein einteiliger Badeanzug, der aus einem weiß/goldenen Oberteil und einem goldfarbenen Hosenteil mit Goldgürtel bestand. Dazu trug sie einen dreieckigen, goldfarbenen Ohrring.

NEW!
Casey
Francie's Fun Friend
TWIST'N TURN WAIST!
BENDABLE LEGS!
REAL EYELASHES!
BY MATTEL

here she is!
TWIGGY
LONDON'S TOP TEEN MODEL
TWIST 'N TURN WAIST
BENDABLE LEGS
REAL EYELASHES

Twiggy in Box von 1967
#1185
180,– Euro/600,– Euro
©1966/Mattel, Inc./U.S.Patented/U.S.Pat.Pend./Made in/Japan

Die erste Prominentenpuppe der Firma Mattel kam 1967 in die Geschäfte. Es war das englische Fotomodell „Twiggy“, Lesly Hornby. Twiggy hatte ebenfalls den beweglichen Körper der Franciepuppe und das Casey-Gesicht. Die Haare waren kürzer als bei Casey und sie war nur in der Haarfarbe Blond erhältlich. Im Gegensatz zur Caseypuppe hatte Twiggy ein wesentlich stärkeres Makeup. Sie trug ein grün/gelb/blau gestreiftes Strickminikleid und gelbe Go-Go-Stiefel.

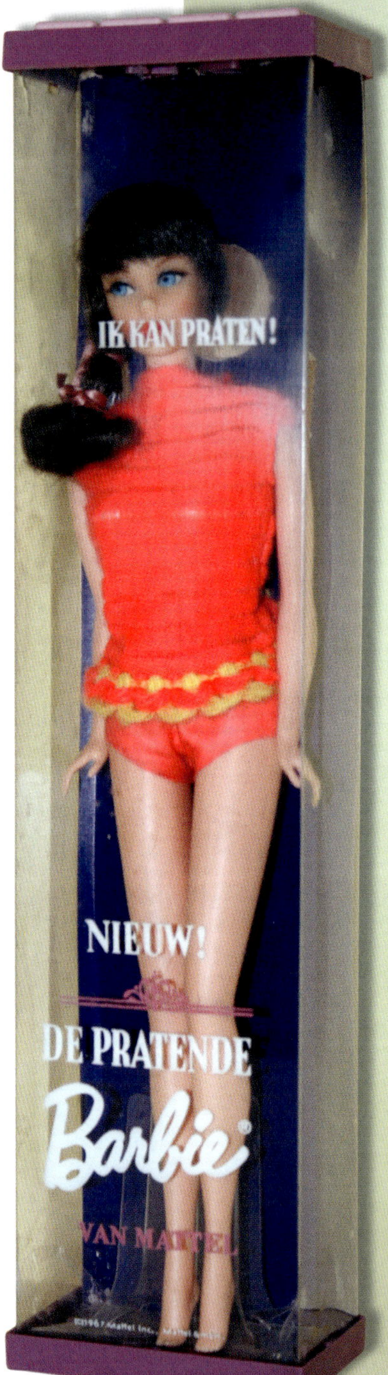

Talking Barbiepuppe in Box von 1968
#1115
170,– Euro/550,,– Euro
©1967/Mattel, Inc./U.S.&Foreign/
Pats.Pend./Mexico

Eine Neuheit jagte die Andere, die Barbiepuppen bekamen nun immer mehr Funktionen. 1968 erschien die erste „Talking Barbiepuppe“, sie konnte sprechen. Ihr Haar war zu einem seitlichen Pferdeschwanz gebunden, der von 3 pinkfarbenen Schleifen gehalten wurde. Die Haarfarbenpalette reichte von Hellblond bis Dunkelbraun. Barbie hatte blaue Augen, eingezogene Wimpern, knickbare Kniegelenke und keine drehbare Taille. Der Sprechmechanismus, der im inneren des Torsos angebracht war, wurde durch ein kleines Seil, das sich im Nacken der Puppe befand, durch Ziehen angetrieben. Barbie trug ein pinkfarbenes Strickoberteil und eine passende pinkfarbene Kunststoff-Shorts.

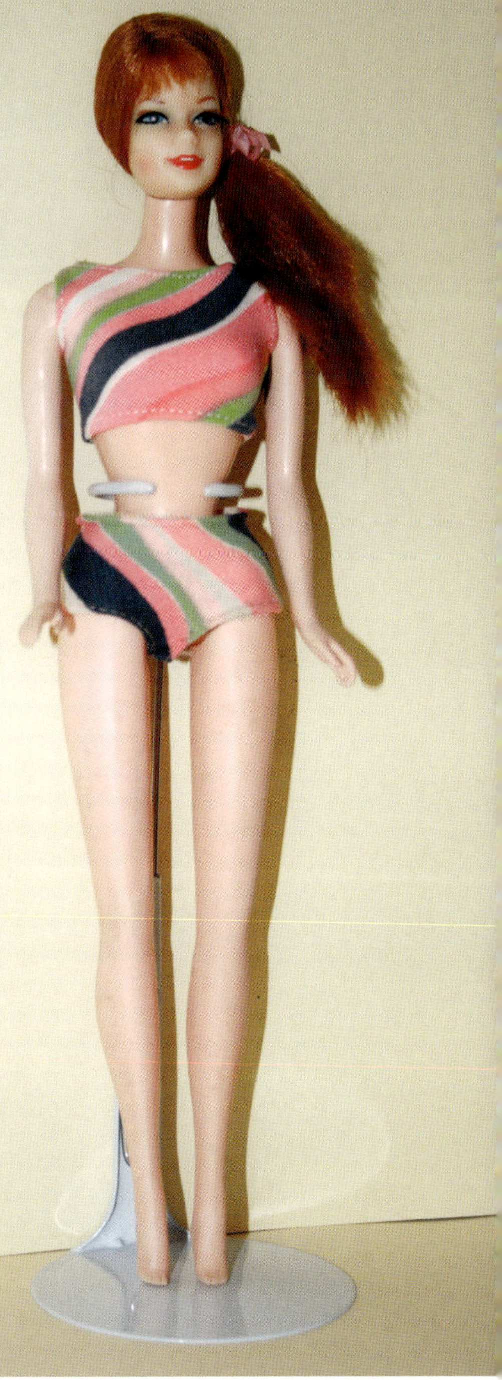

Talking Stacey von 1968
#1125
170,– Euro/550,– Euro
©1967/Mattel, Inc./U.S.&Foreign/ Pats.Pend./Mexico

Stacey, Barbies neue Freundin war ebenfalls als Talking-Version erhältlich. Sie hatte den gleichen Körper wie die „Talking Barbie". Stacey bekam ein ganz neues Gesicht, man sah ihre Zähne und sie hatte langes Haar, das zu einem Seitenzopf gebunden war. Ihre Haarfarben waren Hellblond und Tizian. Sie trug einen buntgemusterten, zweiteiligen Bikini.

Twist´N Turn Stacey in Box von 1968
#1165
180,– Euro/600,– Euro
©1966/Mattel, Inc./U.S.Patented/U.S.Pat.Pend./Made in/Japan

1968 gab es die Staceypuppe auch mit beweglicher Drehteile. Sie hatte knickbare Kniegelenke und schwarze, eingezogene Wimpern. Stacey wurde in den Haarfarben Hellblond und Tizian produziert. Ihr langes, glattes Haar war im Nackenbereich mit einer roten Schleife zusammen gebunden. Als Outfit diente ein topmodischer, einteiliger, roter Badeanzug, der auf der Vorderseite weiße, kleine Knopfe hatte und ein rundes Loch im Bauchnabelbereich.

BY MATTEL
NEW!
Stacey
TWIST'N TURN
WAIST!
BENDABLE LEGS!
REAL EYELASHES!
POSE HER ANY
WAY YOU WANT!
TWIST 'N TURN
WAIST!
NEW
Stacey
BY MATTEL

Twist´N Turn Barbiepuppe
von 1968
#1160
180,– Euro/600,– Euro
©1966/Mattel, Inc./U.S.Patented/
U.S.Pat.Pend./Made in/Japan

Die 2. Ausgabe der Twist´N Turn Barbiepuppe erschien 1968. Die Puppe selbst blieb unverändert. Nur ihr Outfit veränderte sind. Sie trug jetzt ein pinkfarbenes Strichoberteil mit schmalen, grünen Gürtel und eine pinkfarbene Kunststoffshorts.

Truly Scrumptious
Straight Legs in Box von 1969
#1108
280,– Euro/750,– Euro
Midge T.M./©1962/Barbie®/
©1958/by/Mattel,Inc./Patented

Truly Scrumptious, die Hauptdarstellerin aus dem Musical „Chitty Chitty Bang Bang“ erschien 1967. Es gab zwei verschiedene Ausgaben einmal die Straight Legs Version und einmal die Talking-Puppe. Die Straight Legs Ausgabe hatte steife Kniegelenke, keine Drehtaille, eingezogene Wimpern und blondes, schulterlanges Haar. Das aufwendig gearbeitete Kleid mit passendem Hut entsprach einem Kostüm des Films.

Truly Scrumptious Straight Legs und Talking von 1969
#1108 und #1107
280,– Euro/750,– Euro
Midge T.M./©1962/Barbie®/©1958/by/Mattel,Inc./Patented
©1967/Mattel, Inc./U.S. & Foreign/Pats.Pend./Mexico

Die Talking Truly Scrumptious hatte einen Sprechmechanismus, knickbare Kniegelenke, keine Drehtaille, eingezogene Wimpern und ebenfalls schulterlanges, blondes Haar. Ihr schwarz/rosa Originaloutfit war ein langes Kleid mit passendem Hut (der Hut ist auf der Abbildung ersetzt). Dieses Outfit war ebenfalls dem Originalkleid des Films nachempfunden.

Talking Julia in Box von 1969
#1128
150,– Euro/350,– Euro
©1967/Mattel, Inc./U.S. & Foreign/
Pats.Pend./Mexico

1969 erschien die Talking Julia. Sie war der Schauspielerin Diahann Carroll, die die Krankenschwester Julia in der gleichnamigen, amerikanischen Fernsehserie spielte, nachempfunden. Julia hatte den typischen Talking- Körper, eingezogene Wimpern und dunkelbraunes, kurzes Haar. Die Haarfarbe dieser Puppe oxidierte in den meisten Fällen und das Haar wurde rot, in wenigen Fällen bekam das Haar auch eine leichte violette Farbe. Sie war mit einem gold/silbernen Lurex-Hosenanzug bekleidet.

Talking P. J. in Box von 1969
#1113
140,– Euro/400,– Euro
©1967/Mattel, Inc./U.S. &
Foreign/Pats.Pend./Mexico

Barbies Freundeskreis erweiterte sich wieder, diesmal kam P.J. dazu. P.J. wurde 1969 ebenfalls als Talking-Version angeboten. Sie hatte keine Drehtaille, knickbare Kniegelenke, braune Augen, eingezogene Wimpern, blauen Lidschatten und blonde lange Zöpfe. Angeboten wurde Sie mit einem pink/orangefarbenen Minikleid und passenden Sandaletten.

Walking Jamie Box von 1970
#1132
170,– Euro/450,– Euro
©1967 Mattel Inc./U.S.Patented/Pat´d Canada 1967/Other Pat´s Pend./Japan

1970 wurde wieder eine neue Funktionspuppe angeboten, diesmal war es ein Walking-Model, das den Namen Jamie trug. Jamie war eine weitere Freundin, sie hatte braune Augen, eingezogene Wimpern und knickbare Beine. Durch einen speziellen Mechanismus im inneren des Körpers machte Jamie Laufbewegungen, wenn man auf den Knopf an ihrem Rücken drückte. Jaimie wurde in den Haarfarben Blond, Brünett und Tizian verkauft. Sie war mit einem gelben Strickkleid mit Muster und orangefarbenen Stiefeln ausgestattet.

Julia von 1969 1. Ausgabe
#1127
150,– Euro/380,– Euro
©1966/Mattel, Inc./U.S.Patented/
U.S.Pat.Pend./Made in/Japan

Julia 1. und 2. Ausgabe
in Box von 1969
#1127
150,– Euro/380,– Euro
©1966/Mattel, Inc./U.S.Patented/
U.S.Pat.Pend./Made in/Japan

Wie auch schon als sprechende Ausgabe, wurde die Krankenschwester Julia auch als Twist´N Turn Version angeboten. Die erste Ausgabe hatte eine zweiteilige Schwesternuniform an und eine brünette Kurzhaarfrisur. Die nachfolgende Ausgabe trug eine einteilige Schwesternuniform und ihr Haar war etwas kürzer.

Julia von 1969 2. Ausgabe
#1127
150,– Euro/380,– Euro
©1966/Mattel, Inc./U.S.Patented/
U.S.Pat.Pend./Made in/Japan

Twist´N Turn Barbiepuppe von 1969
#1160
150,– Euro/550,– Euro
©1966/Mattel, Inc./U.S.Patented/
U.S.Pat.Pend./Made in/Japan

Die Twist´ N Turn Barbiepuppe bekam 1969 eine neue Frisur. Ihr Haar war ab jetzt schulterlang und endete mit einer Außenrolle und sie hatte eine kleine Stirnlocke. Man nannte sie auch Flip Twist´ N Turn Barbiepuppe. Ihre Haarfarben waren Blond und Brünett. Auch der Badeanzug wurde neu gestaltet, er wurde aus einem Strickmaterial mit Rautenmuster gefertigt.

Twist´N Turn Francie von 1969
#1170
180,– Euro/600,– Euro
©1966/Mattel, Inc./U.S. Patented/
U.S.Pat.Pend./Made in/Japan

Die neue Twist´N Turn Francie hatte ebenfalls eine neue Kurzhaarfrisur bekommen, die im unteren Bereich Außenlocken hatte. Sie war mit einem neuen, pinkfarbenen Strickbadeanzug bekleidet und trug dazu das passende gelbe Haarband. Sie war in den Haarfarben Brünett und Blond erhältlich.

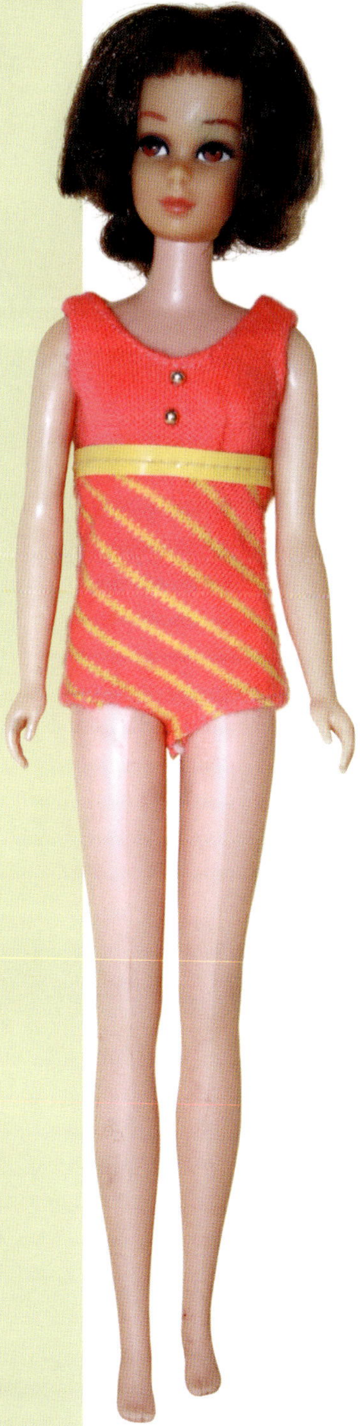

Twist´N Turn Stacey von 1969
#1165
180,– Euro/600,– Euro
©1966/Mattel, Inc./U.S.Patented/
U.S.Pat.Pend./Made in/Japan

Die Staceypuppe bekam 1969 ebenfalls eine neue Frisur, sie hatte nun kurzes, welliges Haar und einen Seitenscheitel. Ihre Haarfarben waren Blond und Tizian. Das Gesicht und auch der Twist´ N Turn Körper blieben unverändert. Bekleidet war sie mit einem buntgemusterten Badeanzug.

Twist´N Turn Stacey
von 1970
#1165
180,– Euro/600,– Euro
©1966/Mattel, Inc./U.S.Patented/
U.S.Pat.Pend./Made in/Japan

Die dritte Ausgabe der Staceypuppe war identisch mit der zweiten Ausgabe, nur ihr Haar wurde noch etwas kürze und zu einer Außenrolle frisiert.

Talking Barbiepuppe
in Box von 1970
#1115
150,– Euro/400,– Euro
©1967/Mattel, Inc./U.S. & Foreign/Pats.Pend./Mexico

Die neue, sprechende Barbiepuppe hatte den üblichen Talking Körper, aber sie bekam eine komplett neue Frisur. Das Haar war jetzt schulterlang und im unteren Bereich zu kleinen Locken frisiert, die im Nacken zusammengebunden waren. Sie hatte einen Seitenscheitel und eine Stirnlocke, ihre Haarfarben waren Blond und Brünett. Sie trug einen orangefarbenen Bikini und dazu ein topmodisches, weißes Jäckchen aus Spitze, das einen orangefarbenen Kragen hatte.

Living Barbiepuppe mit Box von 1970
#1116
120,– Euro/350,– Euro
©1968 Mattel, Inc./U.S. For. Pat´d/ Other Pats.Pend./Taiwan

1970 wurde die Barbiepuppe komplett beweglich, ihr Körper bekam viele, neue Veränderungen. Sie hatte jetzt knickbare Ellbogen, bewegliche Handgelenke, knickbare Knöchel, ihre Arme und Beine konnten seitlich bewegt werden und ein bewegliches Kopfgelenk. Ihre schulterlange Ponyfrisur hatte die Haarfarben Blond, Brünett und Tizian. Sie hatte blaue, seitlich blickende Augen und eingezogene Wimpern. Angeboten wurde Sie in einem gold/silberfarbenen Badeanzug und einer orangefarbenen Kapuzennetzjacke mit Goldrand.

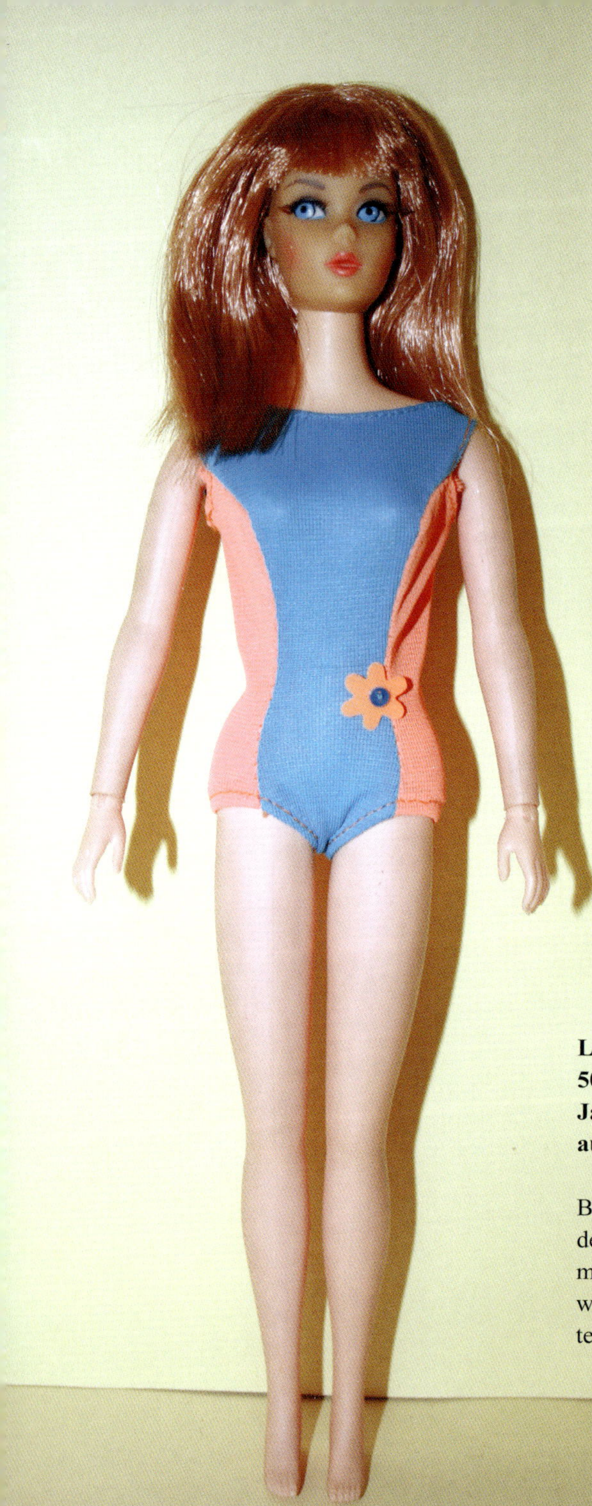

Living Barbiepuppe Japan von 1970
500,– Euro/1.200,– Euro
Japan-Markierung,
auch unter beiden Fußsohlen

Bis auf die Markierung war der Körper der Japan Living Barbiepuppe identisch mit dem der Living Barbiepuppe. Sie wurde nur in der Haarfarbe Rot angeboten und hatte einen helleren Teint.

Living Barbiepuppe Japan von 1970
Zubehör

Einteiliger, pinkfarbener Strickanzug mit passender Strumpfhose, türkisfarbener Trägerrock, pinkfarbene Kunststoff-Jacke, pinkfarbene Plüschmütze (nicht abgebildet), Ski, Skistöcke, Skischuhe, Ballerina-Tutu, Ballerina-Schuhe, Badeanzug, türkisfarbene Taucherflossen mit Schnorchel und Maske.

Twist´N Turn Barbiepuppe
in Box von 1970
#1160
160,– Euro/500,– Euro
©1966/Mattel, Inc./U.S.Patented/
U.S.Pat.Pend./Made in/Japan

Die neue Ausgabe der Twist´ N Turn Barbie hatte keine Veränderung, sie bekam lediglich einen neuen Badeanzug. Dieser war aus einem Nylon-Material in den Farben Pink und Weiß.

Twist´N Turn P. J.
von 1970
#1118
130,– Euro/500,– Euro
©1966/Mattel, Inc./
U.S.Patented/U.S.Pat.
Pend./Made in/Japan

Nun wurde auch Barbies neue Freundin P.J. als Twist´ N Turn Version angeboten. Sie hatte genau wie die Talking P. J. blonde, lange Zöpfe, einen Pony und braune Augen mit eingezogenen Wimpern.

Twist´N Turn Christie in Box von 1970
#1119
160,– Euro/550,– Euro
©1966/Mattel, Inc./U.S.Patented/U.S.Pat.Pend./Made in/Japan

Eine weitere neue Twist´ N Turn Puppe war Christie. Sie hatte dunkelbraunes, leicht gelocktes, kurzes Haar, braune Augen und eingezogene Wimpern. Sie war mit einem pink/gelben Badeanzug bekleidet.

Growin´Hair Francie in Box von 1970
#1129
130,– Euro/400,– Euro
©1966/Mattel, Inc./U.S.Pat.Other/Pats.Pend./Pat.Canada/1967/Japan

Eine Neuheit jagte die andere, 1970 erschien die Franciepuppe „Growin´Hair", sie hatte blondes wachsendes Haar. Im inneren ihres Körpers befand sich ein Mechanismus, der ihren Pferdeschwanz auf und abrollen ließ, dadurch veränderte sich die Haarlänge. Sie hatte nicht nur den wachsenden Pferdeschwanz, sondern auch einen Haardutt, den man verschiedenartig frisieren konnte. Sie hatte knickbare Beine, keine Drehtaille und eingezogenen Wimpern. Diese Ausgabe hatte die originalen Barbie-Hände und war mit einem pinkfarbenen Minikleid bekleidet. Die zweite Ausgabe der Growin´Hair Francie unterschied sich nur in der Handform, sie hatte Mexico-Hände.

Growin´Hair Francie mit Box von 1971
#1129
130,– Euro/400,– Euro
©1966/Mattel, Inc./U.S.Pat.Other/Pats.Pend./Pat.Canada/1967/Japan

Hair Happenin´s Francie von 1970
#1122
140,– Euro/500,– Euro
©1966/Mattel, Inc./U.S.Patented/
U.S.Pat.Pend./Made in /Japan

1970 erschien eine weitere frisierbare Puppe, es war die Hair Happenin´s Francie. Sie hatte kurzes blondes Haar mit Pony. Begleitet wurde diese Ausgabe von 4 verschiedenen Haarteilen und Haarschleifen. Ihr Originaloutfit war ein mittelblaues Minikleid, das in der Taille mit Spitze besetzt war und weiße, kurze Spitzenärmel hatte.

TEEN-AGE FASHION MODEL BY MATTEL
Barbie®
MATTEL

Standard Barbiepuppe mit Box von 1970
#1190
180,– Euro/450,– Euro
Midge T.M./©1962/Barbie®/©1958/by/Mattel, Inc./Patented

Die Standard Barbiepuppe hatte steife Beine, keine Drehtaille, einen seitlichen Blick und gemalte Wimpern. Ihr Haar reichte bis zur Taille und wurde in allen Haartönen angeboten. Sie trug nun einen einteiligen, grün/pinken Badeanzug.

Twist´N Turn Francie von 1970
#1170
160,– Euro/600,– Euro
©1966/Mattel, Inc./U.S.Patented/ U.S.Pat.Pend./Made in/Japan

Die zweite Ausgabe der Flip Francie hatte nun etwas kürzere Haare und war in den Haarfarben Blond und Brünett erhältlich. Sie hatte den Twist´N Turn Körper und trug ein Oberteil mit Blumen und pinkfarbene Shorts.

MATTEL
The Sun Set
malibu Barbie
with twist 'n turn waist
Easy to pose!
Bendable legs!
comb!

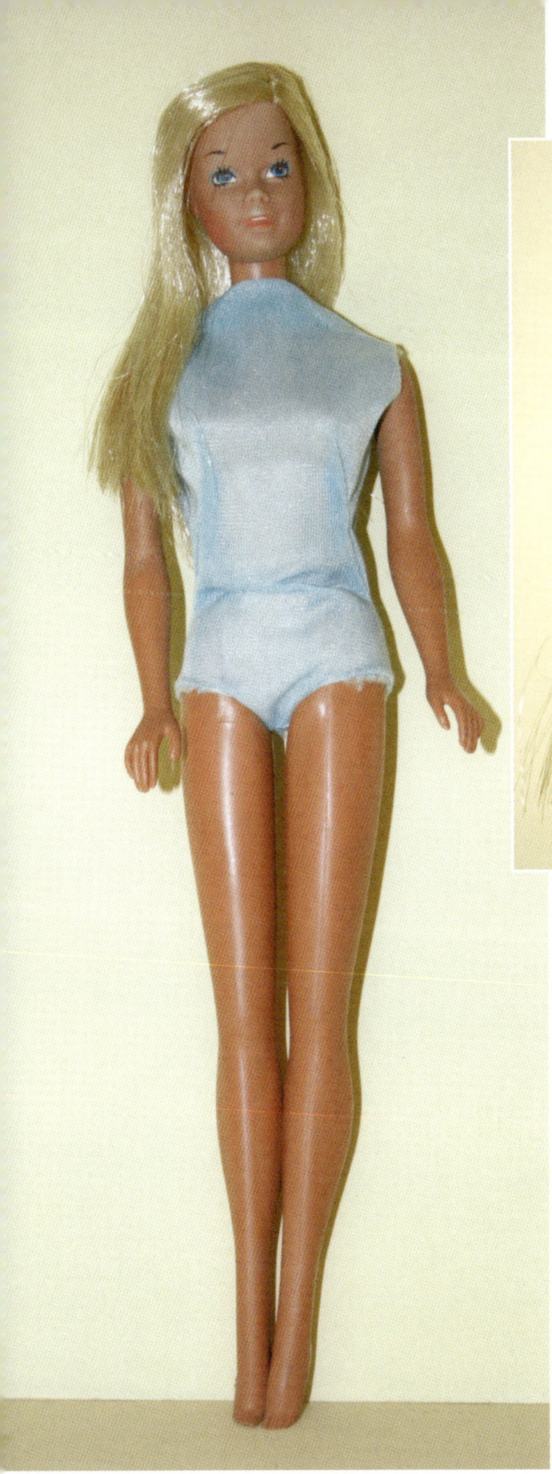

Malibu Barbiepuppe in Box von 1971
#1067
65,– Euro/300,– Euro
©1966/Mattel, Inc./U.S.Patented/
U.S.Pat.Pend./Made in/Japan
und Korea

1971 gab es wieder eine Neuheit, die Malibu-Serie. Diese Puppen waren braungebrannt und hatten hellblondes Haar. Barbie trug eine Sonnenbrille mit runden Gläsern, einen hellblauen Badeanzug und führte ein Strandtuch mit sich. Sie hatte den typischen Twist´N Turn Körper und gemalte Wimpern.

Malibu Francie in Box von 1971
#1068
75,– Euro/300,– Euro
©1966/Mattel, Inc./U.S.Patented/U.S.Pat.Pend./Made in/Japan und Korea

Auch Francie bckam genau dasselbe sommerliche Aussehen wie die Barbiepuppe. Sie hatte ebenfalls gemalte Wimpern und trug einen zweifarbigen Badeanzug, der ein rotes Hosenteil und ein pinkfarbenes Oberteil mit gelben Gürtel hatte.

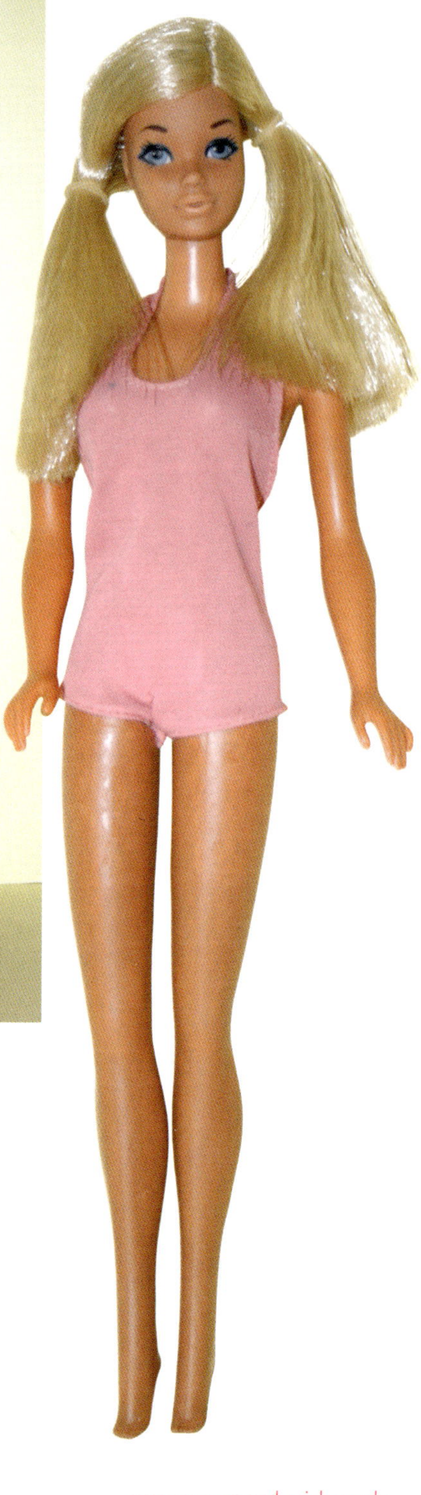

Malibu P. J. in Box von 1971
#1187
75,– Euro/300,– Euro
©1966/Mattel, Inc./U.S.Patented/
U.S.Pat.Pend./Made in/Japan
und Korea

Eine weitere Ausgabe der Malibu-Serie war die P. J.-Puppe, sie hatte hellblonde Zöpfe und gemalte Wimpern. Bekleidet war sie mit einem fliederfarben, einteiligen Badeanzug.

The Sun Set®
MATTEL
malibu Christie®
Malibu Barbie's® Friend
with twist 'n turn waist
Easy to pose!

Malibu Christie in Box von 1971
#7745
75,– Euro/300,– Euro
©1966/Mattel, Inc./U.S.Patented/
U.S.Pat.Pend./Made in/Korea

Christie hatte langes, glattes, schwarzes Haar und gemalte Wimpern. Ihr einteiliger Badeanzug hatte die Farbe Pink.

Living Barbiepuppe in Box von 1971
#1116
120,– Euro/400,– Euro
©1968 Mattel, Inc./U.S. & For.Pat´d/ Other Pats./Taiwan

Die neue Ausgabe der Living Barbie hatte den gleichen beweglichen Körper wie die erste Puppe. Sie bekam aber einige Veränderungen. Ihre Augenstellung war jetzt gerade und das Makeup war zarter. Ihr neues Outfit bestand aus einem einteiligen Badeanzug und einem passenden Rock. Die Kleidung hatte einen weiße Untergrund und große rote, lila und pinkfarbene Punkte.

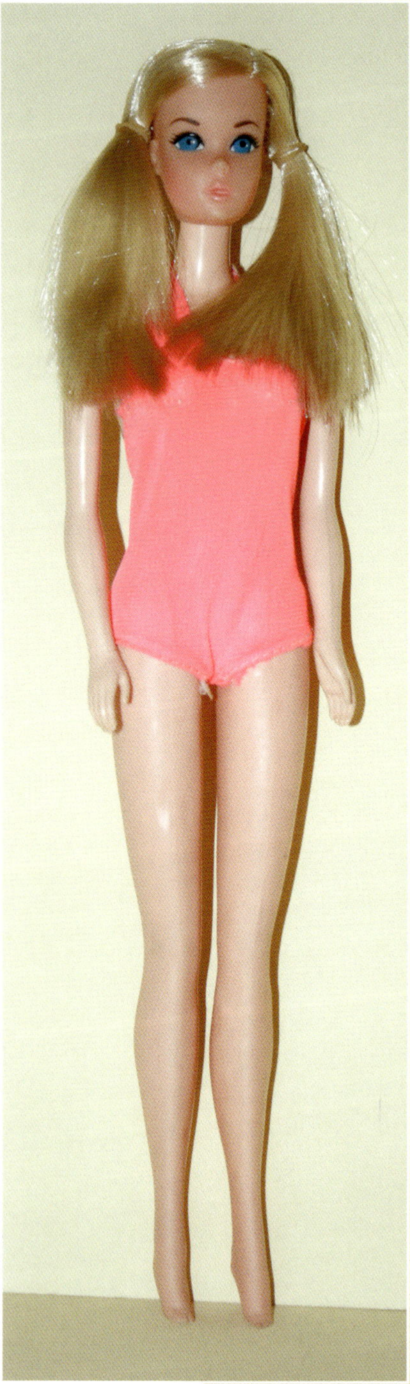

Barbiepuppe Europa von 1973
#8588
70,– Euro/260,– Euro
©1967 Mattel, Inc./U.S.Patented/ Other Patents Pending/Patented in Canada 1967/Taiwan

1973 erschien die Barbiepuppe „Europa", sie wurde speziell für den europäischen Markt produziert. Sie hatte knickbare Kniegelenke, keine Drehtaille, gemalte Wimpern und blaue Augen. Ihr blondes, glattes, langes Haar war zu Zöpfen gebunden.

Talking Christie
in Box von 1971
#1126
140,– Euro/400,– Euro
©1967/Mattel, Inc./U.S. & Foreign/Pats.Pend./ Hong Kong

Auch die 2. Ausgabe der Talking Christie hatte einen Sprechmechanismus im inneren des Körpers. Sie hatte kurzes, gelocktes Haar und eingezogene Wimpern. Bekleidet war Sie mit einer bunten Bluse und orangefarbenen Shorts aus Kunststoff. Sie hatte knickbare Kniegelenke und keine Drehtaille.

Life Action Barbiepuppe in Box von 1971
#1155
120,– Euro/280,– Euro
©1968 Mattel, Inc./U.S. & Foreign Patented/ Patented in Canada 1967/Other Patents Pending/Taiwan

Die Life Action Puppen hatten den gleichen beweglichen Körper wie die Living Barbiepuppe. Allerdings hatte sie eine andere Körpermarkierung und war in der Taille etwas wackliger, damit sie noch beweglicher wurde. Ihr Haar war blond und schulterlang. Der zweiteilige Anzug, den sie trug, hatte hellbraune Fransen und war pink/bunt gemustert, dazu trug sie das passende hellbraune Stirnband.

Life Action P. J. in Box von 1971
#1156
120,– Euro/300,– Euro
©1968 Mattel, Inc./U.S. & Foreign Patented/ Patented in Canada 1967/Other Patents Pending/Taiwan

Die Life Action P. J. hatte natürlich auch diesen beweglichen Körper. Ihr Haar war schulterlang, blond und glatt. An den Seiten waren zwei kleine Strähnen geflochten und sie hatte einen Seitenscheitel. Ihre Augen waren braun, sie trug blauen Lidschatten und hatte eingezogene Wimpernhaare. Ihr Outfit war ein orangefarbenes Minikleid mit angenähten orangefarbenen Nylonstrümpfen und goldfarbenen Stiefeln. Dazu trug sie eine Fransenweste in der Farbe Lila aus Velours.

LIVE ACTION Christie
I DANCE TO YOUR FAVORITE MUSIC!
I POSE MORE THAN EVER BEFORE!
THERE'S LOTS I DO JUST LIKE YOU!
START THE ACTION! TAP MY TOUCH 'N GO™ STAND!
MATTEL

Life Action Christie in Box von 1971
#1175
250,– Euro/500,– Euro
©1968 Mattel, Inc./U.S. & Foreign Patented/Patented in Canada 1967/ Other Patents Pending/Taiwan

Auch die Life Action Christie war in dieser Serie vertreten. Sie hatte einen farbigen Teint, schwarze, lange Haare und eingezogene Wimpern. Sie trug einen zweiteiligen lila/ orangefarbenen Anzug und ein orangefarbenes Haarband aus Tüll.

Life Action Barbiepuppe, Ken, Christie und P. J. von 1971

Growin´Hair Barbiepuppe in Box von 1971
#1144
140,– Euro/450,– Euro
©1967 Mattel, Inc./U.S.Patented/Other Patents Pending/
Patented in Canada 1967/Taiwan

Barbie bekam jetzt auch wachsendes Haar, ihr Pferdeschwanz konnte genau wie bei der Franciepuppe mit dem Mechanismus im Inneren des Körpers auf- oder abgewickelt werden. Ihre Haarfarbe war Blond und sie trug einen Dutt. Sie hatte blaue Augen und eingezogene Wimpern. Bekleidet war sie mit einem rosafarbenen Satinkleid mit Goldgürtel.

Hair Happenin´s Barbiepuppe von 1971
#1174
500,– Euro/1.200,– Euro
©1966/Mattel, Incl./ U.S.Patented/U.S.Pat.Pend./ Made in/Japan

Die Hair Happenin´s Barbiepuppe wurde nur in geringen Stückzahlen produziert und ist daher sehr selten. Sie hatte eine Kurzhaarfrisur und war nur in der Haarfarbe Tizian erhältlich. Ihre Augen waren blau und sie hatte echte Wimpern. Ihre Kniegelenke waren knickbar und sie war mit einer Drehtaille ausgestettet. Bekleidet war die Puppe mit einem Kleid, das ein weißes Oberteil und einen roten Rock hatte, dazu trug Barbie einen schwarzen Gürtel und schwarze Pumps (nicht abgebildet). Auf der Abbildung trägt die Hair Happenin´s Barbie ein Pak-Outfit.

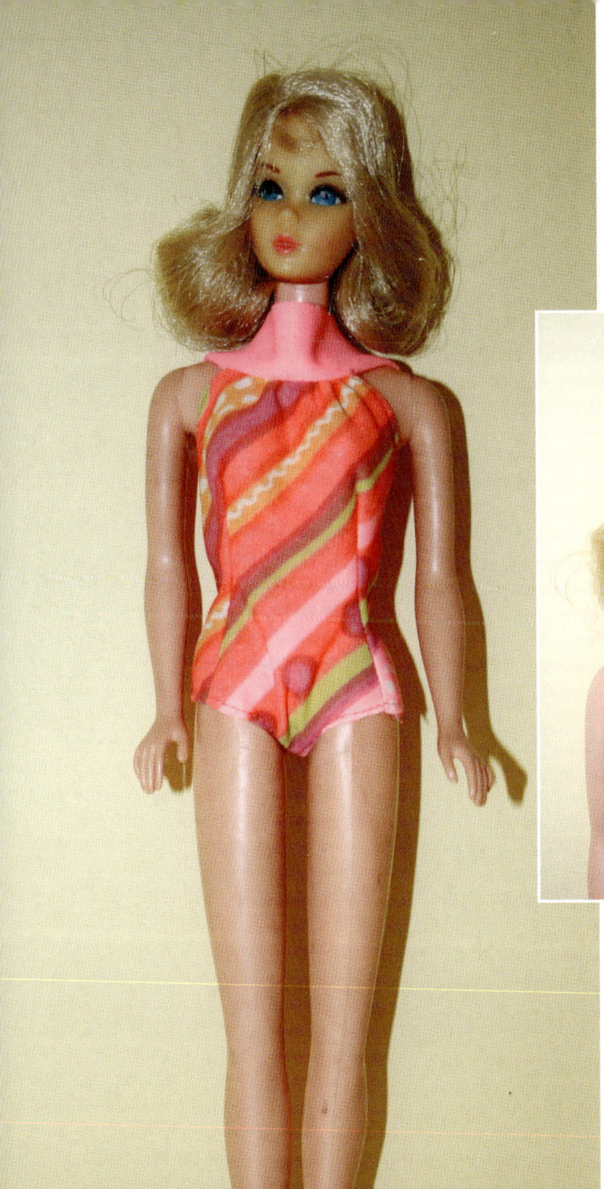

Twist´N Turn Barbiepuppe
in Box von 1971
#1160
150,– Euro/500,– Euro
©1966/Mattel, Inc./U.S.Patented/
U.S.Pat.Pend./Made in/Japan

1971 bekam die Twist´ N Turn Barbiepuppe einen seitlichen Blick. Ihre Augenfarbe war Blau, sie hatte eingezogene Wimpern und schulterlanges Haar, das am Ende mit einer Außenrolle endete. Ihre Haarfarben waren Blond und Brünett und sie bekam einen neuen Badeanzug, der in den Farben Rot, Pink und Gelb gemustert war.

No Bangs Francie von 1971
#1170
700,– Euro/1.200,– Euro
©1966/Mattel, Inc./U.S.Patented/
U.S.Pat.Pend./Made in/Japan

Die No Bangs Francie hatte keinen Pony, ihr Haar war nach hinten gekämmt und mit einem orangefarbenen Haarband fixiert. Sie hatte eingezogene Wimpern, braune Augen und wurde in den Haarfarben Blond und Brünett angeboten. Bekleidet war Sie mit einem modischen, orangefarbenen Minikleid und weißen Pumps.

TEEN-AGE FASHION MODEL BY MATTEL
Barbie®
MATTEL

Standard Barbiepuppe in Box von 1971
#1190
150,– Euro/450,– Euro
Midge T.M./©1962/Barbie®/©1958/by/Mattel, Inc./Patented

1971 erschien die dritte Ausgabe der Standard Barbiepuppe. Ihre Box und ihr Badeanzug waren unverändert, aber sie bekam eine gerade Augenstellung. Ihre Augen waren blau, sie hatte gemalte Wimpern, keine Drehtaille und steife Beine. Sie wurde in einer Vielzahl von Haarfarben angeboten.

Growin´Hair Barbiepuppe von 1972
#1144
160,– Euro/450,– Euro
©1967 Mattel, Inc./ U.S.Patented/Other Patents Pending/Patented in Canada 1967/Taiwan

Die zweite Ausgabe der Growin´Hair Barbiepuppe hatte eine etwas veränderte Frisur und ein zarteres Make-up. Auch ihr Outfit wurde verändert, sie trug ein Maxikleid mit blauem Veloursoberteil und einem gemusterten Rock.

Walking Barbiepuppe von 1972
#1182
100,– Euro/350,– Euro
©1967 Mattel, Inc./
U.S.Pat.Pend./Taiwan

Die Barbiepuppe kam 1972, wie bereits 1970 die Walking Jamie Ausgabe, mit einem veränderten Körper auf den Markt. Ein kleines, rundes Podest mit Rädern diente als Lauffunktion. Man befestigte die Puppe an den Fußhalterungen des Podestes und sobald man es schob, machte die Puppe Laufbewegungen mit den Armen und den Beinen, auch ihren Kopf bewegte sie von rechts nach links. Sie hatte keine Drehtaille, eingezogene Wimpern und schulterlanges, blondes Haar. Sie war mit einem roten Hosenanzug mit gelbem Doppelgürtel und passender gelber Lacktasche bekleidet.

Walking Steffie von 1972
#1183
140,– Euro/380,– Euro
©1967 Mattel, Inc./
U.S.Pat.Pend./Taiwan

Die Walking Steffi war identisch mit der Barbiepuppen-Ausgabe, sie hatte aber das Steffi-Gesicht. Ihr schulterlanges Haar war brünett, sie hatte braune Augen und eingezogene Wimpern. Sie trug einen pink/rot gemusterten, einteiligen Hosenanzug mit passendem Tüllhalstuch.

Busy Barbiepuppe
in Box von 1972
#3311
90,– Euro/250,– Euro
©1966/Mattel, Inc./
U.S. & Foreign/
Patented/Other Pat´s/
Pending/Made in/USA
©1966/Mattel, Inc./
U.S. & Foreign/
Patented Other Pat´s/
Pending/Made in/
Hong Kong

1972 folgte eine weitere Neuheit, die Busy-Barbie-Serie. Diese Puppen hatten knickbare Ellbogen, ein bewegliches Handgelenk, einen beweglichen Daumen, eine Drehtaille und knickbare Kniegelenke. Mit diesen speziellen Händen konnte die Barbiepuppe Dinge festhalten, zum Beispiel eine Tasche, ein Telefon und weiteres. Sie hatte blondes, schulterlanges Haar und gemalte Wimpern. Sie trug einen Jeansbody und einen Patchwork-Rock. Als Zubehör dienten ein Telefon, ein Plattenspieler, ein tragbarer Fernseher, ein Koffer und ein Tablett mit 2 Bechern.

Busy Steffie in Box von 1972
#3312
110,– Euro/280,– Euro
©1966/Mattel, Inc./U.S. & Foreign/
Patented/Other Pat´s/Pending/
Made in/USA
©1966/Mattel, Inc./U.S. & Foreign/
PatentedOther Pat´s/Pending/
Made in/Hong Kong

Die Steffipuppe gab es ebenfalls als Busy-Ausgabe. Sie unterschied sich von der Barbiepuppe durch ihr braunes Haar und ihr typisches Steffi-Gesicht. Natürlich hatte sie auch ihre eigene Kleidung, ein Maxi-Kleid im Patchwork-Stil, nur die Accessoires waren die Gleichen.

Talking Busy Steffie
in Box von 1972
#1186
250,– Euro/450,– Euro
Talking Busy Barbie
von 1972 (ohne Abbildung)
#1195
300,– Euro/500,– Euro
©1967/Mattel, Inc./
U.S. & Foreign/
Pats.Pend./Hong Kong

Die Talking Busy Steffie hatte zusätzlich noch einen Sprechmechanismus, der sich im Körper der Puppe befand. Sie hatte schulterlanges, welliges Haar und eingezogene Wimpern. Bekleidet war sie mit einer rosa/weiß karierten Bluse, passenden Strümpfen und einer blauen Shorts. Es gab auch noch die entsprechende Barbie-Ausgabe (nicht abgebildet), die eine blonde Kurzhaarfrisur und eingezogene Wimpern hatte. Sie trug eine blaue Shorts mit Latz, eine rote Mütze, einen roten Pulli und grünen Schnürstiefel.

Busy Francie von 1972
#3313
150,– Euro/350,– Euro
©1966/Mattel Inc./Hong Kong/
U.S. & Foreign/Pats.Pend./Hong Kong

Diese Ausgabe hatte den Franciekörper, aber als Busy-Ausgabe mit beweglichen Handgelenken und Daumen. Ihr schulterlanges Haar hatte die Farbe Blond und sie hatte gemalte Wimpern. Ausgestattet war Francie mit einer Jeanshose, einem grünen Top und den entsprechenden Busy-Accessoires.

Walking Miss America
von 1972
#3200
120,– Euro/280,– Euro
©1967 Mattel, Inc./
U.S. Pat.Pend./Taiwan

Eine besondere Ausgabe der Walking-Serie war die Miss America Barbiepuppe. Sie hatte das Steffi-Gesicht, blaue Augen, braunes Haar und trug das „Miss America" Outfit. Dieses hübsche, königliche Kleid hatte ein goldenes Oberteil und einen weißen lang Rock mit Tüllüberwurf. Der edle, rote Umhang war mit Kunstpelz besetzt. Als Accessoires dienten ein königlicher Stab, eine Krone, eine Miss-Schärpe und weiße Pumps. Sie hatte knickbare Kniegelenke und eine Drehtaille.

New Beautiful Francie von 1972
#8520
600,– Euro/1.600,– Euro
©1966/Mattel, Inc./U.S.Patented/
U.S.Pat.Pend./Made in/Japan

1972 erschien die New Beautiful Francie, sie wurde nur für den deutschen Markt produziert und ist daher sehr selten. Ihr Kopf war größer als bei der normalen Franciepuppe und sie hatte große blaue Augen. Ihr schulterlanges Haar war nur in der Haarfarbe Blond vertreten. Sie hatte den normalen Straight Legs Franciekörper, aber eine Drehtaille. Verkauft wurde sie mit einem braunen Minikleid mit weißem Kragen, weißen Kniestrümpfen und braunen Schuhen.

New Beautiful Busy Francie von 1972
#8521
600,– Euro/1.600,– Euro

Diese Ausgabe der deutschen Francie-Ausgabe hatte die beweglichen Busy-Arme und Hände. Der Kopf war der gleiche wie bei der Straight Legs Ausgabe und auch nur in der Haarfarbe Blond erhältlich. Sie trug ein rotgemustertes Maxikleid.

Quick Curl Barbie von 1973
#4220
60,– Euro/200,– Euro
©1966/Mattel, Inc./U.S. & Foreign/
Patented/Other Pat´s/Pending/
Made in/Taiwan

Die Quick Curl Barbiepuppe kam 1973 in die Geschäfte, sie war wieder eine besondere Neuheit. Diese Puppen konnte man sehr gut frisieren, da sie ein spezielles Drahthaar hatte. Mit dem dazugehörigen Lockenstab konnte man der Barbiepuppe Locken eindrehen und sie hielten die Position. Die Barbie-Version hatte blondes Haar, blaue Augen und gemalte Wimpern. Ihre Kniegelenke waren knickbar und sie hatte eine Drehtaille. Sie trug ein rosa/weiß kariertes Kleid, das weiße Tüllärmel hatte.

Quick Curl Kelley
in Box von 1973
#4221
90,– Euro/300,– Euro
©1966/Mattel, Inc./U.S. & Foreign/Patented/Other Pat´s/ Pending/Made in/Taiwan

Eine weitere Freundin der Quick Curl-Serie war die Kelleypuppe. Sie hatte braune Augen, gemalte Wimpern und rotes Haar. Ihr Originalkleid hatte die Farben Hellgrün und Weiß.

Quick Curl Miss America
in Box von 1973
#8697
100,– Euro/200,– Euro
©1966/Mattel, Inc./
U.S. & Foreign/Patented/
Other Pat´s/Pending/
Made in/Taiwan

Die Quick Curl Miss America Barbiepuppe hatte wie bereit die anderen Puppen dieser Serie das besonders gut frisierbare Haar. Sie war in den Haarfarben Blond und Brünett vertreten, hatte braune Augen und gemalte Wimpern. Ihre Kniegelenke waren knickbar und sie hatte eine Drehtaille. Sie trug das gleiche Outfit wie die Walking Miss America Puppe.

Quick Curl Francie von 1973
#4222
90,– Euro/300,– Euro
©1966/Mattel, Inc./Taiwan/U.S. & Foreign/Patented/Other Pat´s/Pending

Barbies Cousine Francie war in dieser Quick Curl Serie ebenfalls vertreten. Sie hatte den Franciekörper mit Drehtaille und knickbaren Kniegelenken. Ihr braunes Haar war schulterlang und sie hatte braune Augen, blauen Lidschatten und gemalte Wimpern.

Sweet 16teen Barbiepuppe
in Box von 1974
#7796
50,– Euro/180,– Euro
©1966/Mattel, Inc./U.S. & Foreign/Patendet/Other Pat´s/ Pending/Made in/Taiwan

Zum 16. Geburtstag, im März 1974, erschien die Sweet 16teen Barbiepuppe. Ihr Haar war schulterlang und blond, ihre Augen blau und sie hatte gemalte Wimpern. Sie wurde als Einzelpuppe und als Set, Puppe mit Zusatzoutfit, angeboten. Das originale Kleid war rosa mit weißen Punkten, das sie auch in der Set-Packung trug. Das Zusatzoutfit bestand aus einer Jeansshorts und einem gelben Top mit dem Aufdruck einer roten"16".

SWEET

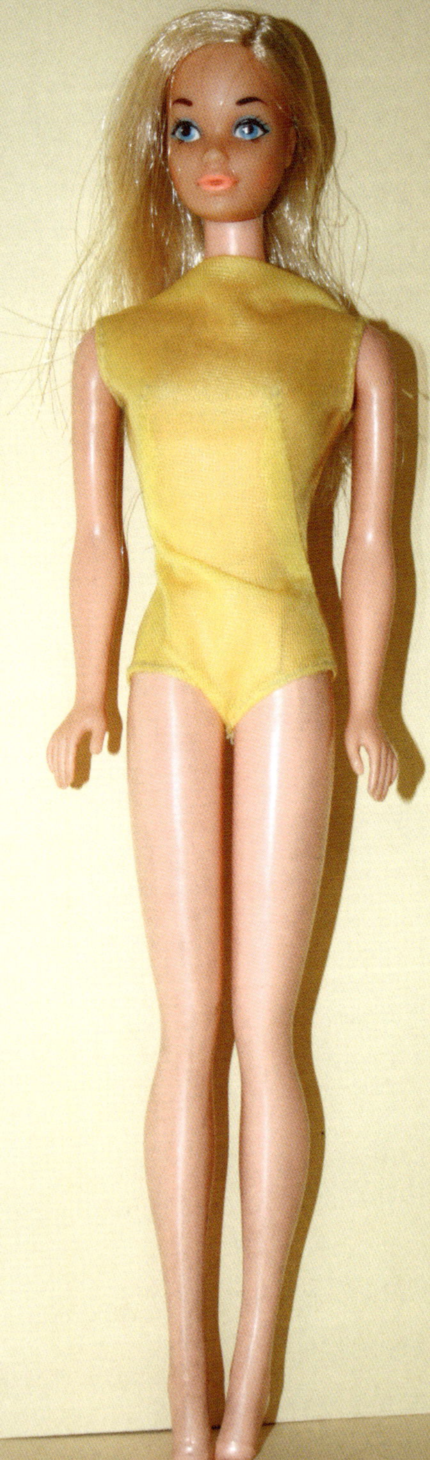

Straight Legs Barbiepuppe von 1974
#8587
30,– Euro/150,– Euro
©1966/Mattel, Inc./U.S./Pat.Pend./
Made in/Korea

Die Straight Legs Barbiepuppe von 1974 hatte keine knickbare Kniegelenke, aber eine Drehtaille. Sie hatte einen Seitenscheitel und schulterlanges, blondes Haar. Ihre Augen waren blau, die Wimpern gemalt und sie trug einen hellblauen oder gelben Nylonbadeanzug. Diese Ausgabe war hauptsächlich in Europa vertreten.

New Port Barbiepuppe
in Box von 1974
#7807
65,– Euro/170,– Euro
©1966/Mattel, Inc./U.S. & Foreign/
Patendet/Other Pat´s/Pending/
Made in/Taiwan

Die New Port Barbiepuppe war mit dem typischen Twist´ N Turn Körper ausgestattet. Sie hatte langes, blondes Haar, gemalte Wimpern und einen sonnengebräunten Teint. Bekleidet war sie mit einem rot/weiß gestreiften Bikini, einem weißen Hosenanzug und hatte ein eigenes Surfbrett.

Sun Valley Barbiepuppe von 1974
#7806
65,– Euro/170,– Euro
©1966/Mattel, Inc./U.S. & Foreign/
Patendet/Other Pat´s/Pending/
Made in/Taiwan

Auch die Sun Valley Barbie war eine sportliche Barbiepuppe, sie lief Ski. Ihr Haar war blond und reichte bis über die Schultern und sie war ebenfalls sonnengebräunt. Sie trug einen orangefarbenen Ski-Anzug und einen gelben Anorak mit weißem Plüsch an der Kapuze. Ihre Ski, Skistöcke und auch die Skischuhe waren orangefarben. Dazu trug sie eine rote, verspiegelte Sonnenbrille.

Yellowstone Kelley von 1974
#7808
160,– Euro/ 450,– Euro
©1966/Mattel, Inc./U.S. & Foreign/ Patendet/Other Pat´s/Pending/ Made in/Taiwan

Die Yellowstone Kelley ist die begehrteste Ausgabe dieser Serie. Sie hatte einen Mittelscheitel und ihre Haarfarbe war Tizian. Ihre Augen waren braun und sie hatte gemalte Wimpern. Auch diese Puppe hatte den sonnengebräunten Twist´ N Turn Körper. Sie trug eine rote Bluse mit weißen Punkten und eine lange blau/ weiß gestreifte Hose. Sie brachte ein reichhaltiges Wanderzubehör mit sich, das aus einem Campingkocher, Töpfen und einer Shorts bestand.

Funtime Barbiepuppe von 1975
#7192
60,– Euro/180,– Euro
@1966/Mattel, Inc./
U.S.Patented/U.S.Pat.Pend./
Made in/Korea

Die Funtime Barbiepuppe hatte lange, blonde Zöpfe, blaue Augen und gemalte Wimpern. Ihre Kniegelenke waren knickbar und sie hatte eine Drehtaille. Bekleidet war sie mit einem orangefarbenen Badeanzug.

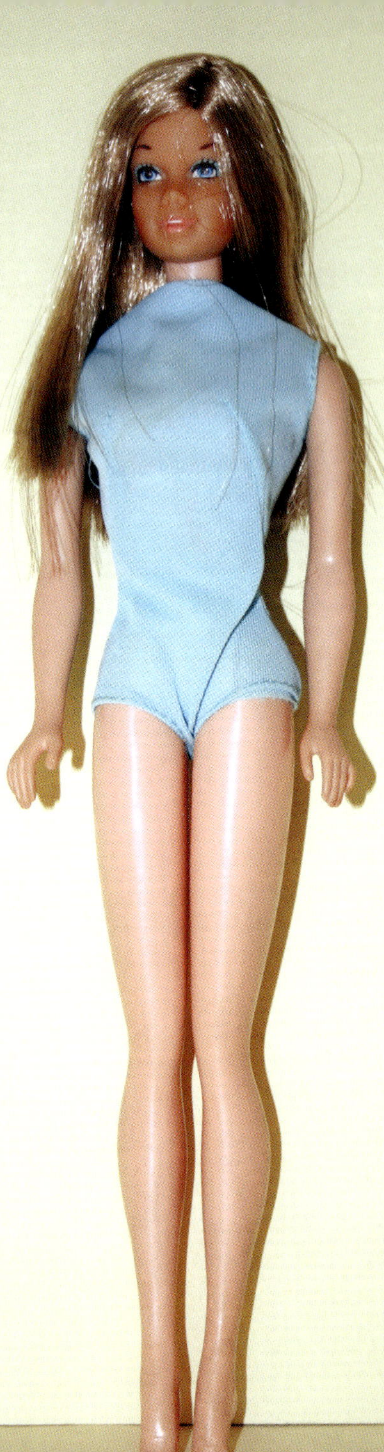

Straight Legs Barbiepuppe Japan von 1974
#8587
150,– Euro/300,– Euro
©1966/Mattel, Inc./U.S./ Pat.Pend./Made in/Japan

Diese Straight Legs Barbiepuppe hatte das Malibu-Barbie-Gesicht, aber eine rosige Hautfarbe. Ihre Beine waren nicht knickbar und sie hatte eine Drehtaille. Ihr langes, glattes, rotes Haar reichte bis zur Taille. Diese Barbiepuppe ist sehr selten und daher sehr gesucht. Bekleidet war sie mit einem einteiligen, hellblauen Badeanzug.

Gold Medal Barbiepuppe
Skier von 1975
#7264
50,– Euro/120,– Euro
©1966/Mattel, Inc./U.S. &
Foreign/PatentedTOther
Pat´s/Pending/
Made in/Taiwan

Die Gold Medal Puppen hatten blondes Haar und eine sonnengebrannte Haut. Ihre Beine waren knickbar und sie hatten eine Drehtaille. Das Ski-Outfit bestand aud einem roten Skianzug mit blau/weißen Einsatz, einer roten Mütze, weißen Skischuhen, gelben Skiern, blauen Skistöcken, einer Startnummer und einer Goldmedaille.

Gold Medal Barbiepuppe Skater
von 1975
#7262
50,– Euro/120,– Euro
©1966/Mattel, Inc./U.S. & Foreign/
PatentedTOther Pat´s/Pending/
Made in/Taiwan

Die Skater-Ausgabe war mit einem Body in den Farben Blau, Weiß und Rot, einem weißen Minifaltenrock, Schlittschuhen und einer Goldmedaille bekleitet.

Gold Medal P. J. Gymnast von 1975
#7263
60,– Euro/130,– Euro
©1966/Mattel, Inc./U.S. & Foreign/ PatentedTOther Pat´s/Pending/Made in/Taiwan

Die P. J. Puppe hatte ebenfalls eine sonnengebräunte Haut, eine Drehtaille und knickbare Kniegelenke. Ihr langes, blondes Haar war zu Zöpfen gebunden und mit Perlenbändern verziert. Sie war mit einem rot, weiß, blauen Gymnastikanzug, einer passenden Jacke und einer Goldmedaille bekleidet. Sie wurde zusammen mit einem Schwebebalken verkauft.

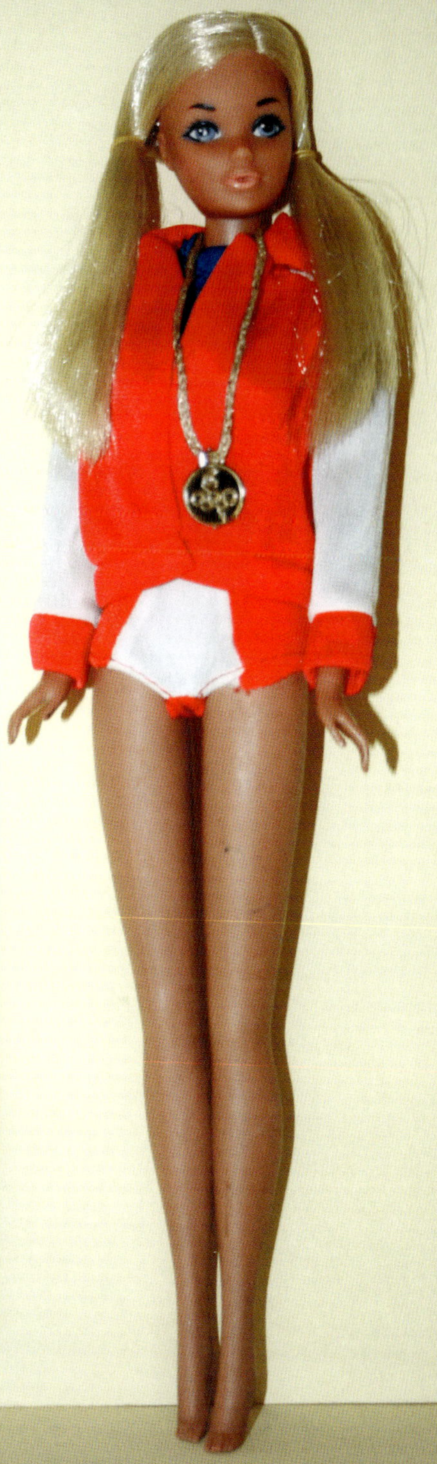

Free Moving Barbiepuppe von 1975
#7270
60,– Euro/180,– Euro
©1967 Mattel, Inc./Taiwan/
U.S.Pat.Pend.

Die Free Moving Barbiepuppe hatte einen Griff, den man am Rücken ausklappen konnte, so konnten die Kinder mit der Puppe freibeweglich spielen. Barbie spielte Golf und Tennis. Sie hatte blondes, langes Haar, knickbare Kniegelenke und eine bewegliche Drehtaille. Bekleidet war sie mit einem weißen Body, der in der Mitte einen roten Einsatz hatte und einem roten Blumenrock.

Free Moving P. J. von 1975
#7281
80,– Euro/200,– Euro
©1967 Mattel, Inc./Taiwan/ U.S.Pat.Pend.

Die Free Moving P. J. hatte den gleichen beweglichen Körper wie die Barbiepuppe. Sie hatte braune Augen und hellblondes, langes Haar, das zu Zöpfen gebunden wurde. Sie trug einen weißen Body mit grünen Einsatz in der Mitte und einen grünen Blumenrock.

Free Moving Cara von 1975
#7283
80,– Euro/200,– Euro
©1967 Mattel, Inc./Taiwan/
U.S.Pat.Pend.

Cara war die farbige Puppe der Serie. Sie hatte dunkelbraunes Haar und braune Augen. Auch sie trug einen weißen Body, der diesmal in der Mitte die Farbe Orange hatte und einen oragefarbenen Blumenrock.

Hawaiian Barbiepuppe von 1975
#7470
80,– Euro/200,– Euro
©1966/Mattel, Inc./U.S.Patented/U.S.Pat.Pend./Made in/Korea

Die Hawaiian Barbiepuppe hat ein besonders hübsches Gesicht und ist daher bei den Sammlern sehr beliebt. Sie hat langes, schwarzes Haar, braune Augen und gemalte Wimpern. Ihre Haut ist sonnengebräunt, sie hat eine Drehtaille und knickbare Kniegelenke. Bekleidet war sie mit einem gemusterten Bikini, passendem Wickelrock, einem Bastrock und einer Blumenkette.

Quick Curl Cara von 1975
#7291
80,– Euro/210,– Euro
©1966/Mattel, Inc./
U.S.&Foreign/Patented/
Other Pat´s/Pending/
Made in Taiwan

1975 gab es auch eine farbige Puppe der Quick Curl Serie. Cara hatte braune Augen und braunes Haar, das besonders gut frisierbar war. Sie hatte eine Drehtaille und knickbare Kniegelenke. Ihr farbenfrohes Outfit bestand aus einer bauchfreien, Schnürbluse und einem passenden Rock.

Flocked Ken von 1961
#750
80,– Euro/250,– Euro
Ken T.M./Pats.Pend./©MCMLX/
by/Mattel/Inc.

1961 kam der erste Ken auf den Markt, er hatte nicht knickbare Kniegelenke und beflocktes Haar. Die Haarfarben waren Blond und Brünett und er hatte blaue Augen. Bekleidet war er mit einer rot/weißen Badejacke, einer roten Shorts und Korksandalen mit roten Riemen.

Ken Straight Legs
in Box von 1962
#750
80,– Euro/180,– Euro
Ken T.M./Pats. Pend./©MCMLX/by/ Mattel/Inc.

Ken bekam ein neues Gesicht und gemaltes Haar. Er hatte braunes oder blondes Haar und blaue Augen. Sein Outfit blieb unverändert.

Ken Straight Legs
¼ Zoll kleiner
in Box von 1963
#750
80,– Euro/180,– Euro
Ken®/©1960/by/
Mattel, Inc./Hawthorn/
Calif. U.S.A.

Ken war jetzt ca. 6 mm kleiner, aber das Gesicht, die Haare und die Kleidung blieben unverändert.

Ken Straight Legs in Box von 1964
#0750
70,– Euro/180,– Euro
©1960/by/Mattel, Inc./Hawthorn/Calif. U.S.A.

Ken hatte wieder seine vorherige Größe von ca. 30,5 cm bekommen, alles andere blieb wie bei den vorherigen Ausgaben.

Allan Straight Legs in Box von 1964
#1000
80,– Euro/180,– Euro
©1960/by/Mattel, Inc./Hawthorn/Calif. U.S.A.

Allan war die zweite männliche Puppe, die auf den Markt kam. Er hatte rotbraunes Haar, braune Augen und nicht knickbare Kniegelenke. Bekleidet war er mit einer gestreiften Badejacke, blauen Shorts und Korksandalen mit blauen Riemchen.

Ricky in Box von 1965
#1090
65,– Euro/140,– Euro
©1963/Mattel, Inc.

Eine weitere männliche Puppe war Skippers und Skooters Freund Ricky. Er hatte rotbraunes Haar, blaue Augen und Sommersprossen. Er trug eine blaue Badejacke mit Streifen, blaue Shorts und Korksandalen mit roten Riemchen. Ricky wurde in den Hauttönen Pinkskin und Grau produziert.

Skipper's® FRIEND
RiCKY™
BY MATTEL
RICKY HAS HIS OWN SPECIALLY DESIGNED WARDROBE!
Skipper's FRIEND
RiCKY
BY MATTEL

Ken Bendable Legs
in Box von 1965
#1020
100,– Euro/300,– Euro
©1960/by/Mattel, Inc./
Hawthorn/Calif. U.S.A.

1965 kam der erste Ken mit knickbaren Kniegelenken auf den Markt. Sein Gesicht war unverändert und er war in den Haarfarben Blond und Brünett erhältlich. Er trug eine blaue Badejacke, die rot abgesetzt war, eine rote Shorts und Korksandalen mit roten Riemchen.

Allan Bendable Legs in Box von 1965
#1010
110,– Euro/310,– Euro
©1960/by/Mattel, Inc./Hawthorn/
Calif. U.S.A.

Genau wie Ken bekam Allan jetzt auch knickbare Kniegelneke. Sein Gesicht blieb ebenfalls unverändert und seine Haarfarbe war rotbraun. Sein Originaloutfit bestand aus einer roten Badejacke, die an einer Seite mit einem gestreiften Aufsatz verziert war, einer blauen Shorts und Korksandaletten mit blauen Riemchen.

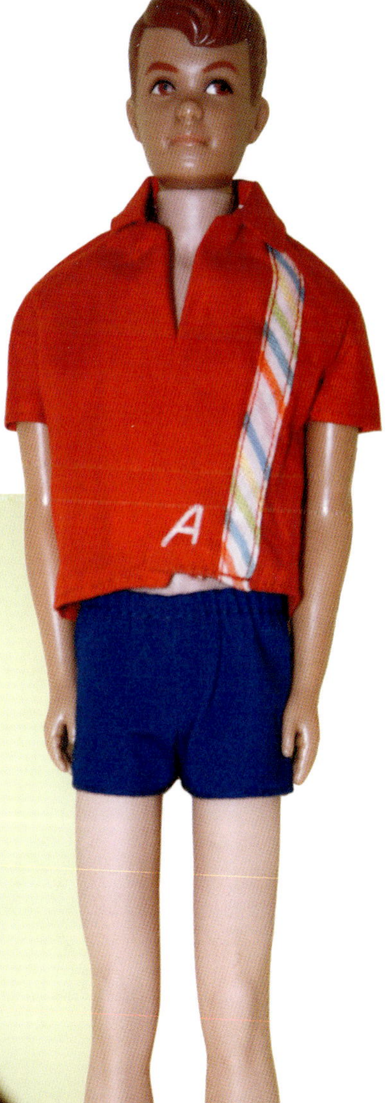

I SAY MANY DIFFERENT THINGS!
NEW TALKING BRAD™
CHRISTIE'S BOYFRIEND
BENDABLE LEGS
I TALK!
MATTEL
PULL TALKING RING

Talking Brad in Box von 1970
#1114
100,– Euro/280,– Euro
©1968/Mattel, Inc./U.S. & For.Pat`d/
Other Pat´s/Pending/Hong Kong

Die farbige, männliche Puppe „Brad“ hatte im Inneren des Körpers einen Sprechmechanismus. Brad hatte braune Augen, knickbare Kniegelenke und schwarzes, gemaltes Haar. Bekleidet war er mit einer orangefarbenen Kunststoffshorts und einem bunt gemusterten Oberteil.

Talking Ken von 1969 und 1970
#1111
60,– Euro/200,– Euro
©1968/Mattel, Inc./U.S. & For.Pat´d/ Other Pat´s/Pending/Mexico

Die beiden Ken-Ausgaben von 1969 und 1970 waren identisch. Sie hatten einen Sprechmechanismus im Inneren des Körpers, knickbare Kniegelenke, braunes Haar und blaue Augen, lediglich die Outfits waren unterschiedlich. 1969 war Ken mit einem roten Hemd und einer passenden roten Shorts bekleidet. Das Outfit von 1970 bestand aus einer blauen Badejacke, die mit orangefarbenem Stoff abgesetzt war und einer orangefarbenen Shorts.

Ken Bendable Legs
von 1970
#1124
50,– Euro/180,– Euro
©1968/Mattel, Inc./
U.S. & For. Pat´d/
Other Pat´s/
Pending/Mexico

Der Bendable Legs Ken unterschied sich äußerlich nicht von der Talking-Version und hatte knickbare Kniegelenke. Bekleidet war er mit einem gelben Nylonhemd und einer bunten Baumwollshorts.

Brad Bendable Legs
in Box von 1970
#1142
100,– Euro/250,– Euro
©1968/Mattel, Inc./
U.S. & For. Pat´d/
Other Pat´s/Pending/
Hong Kong

Brad war ebenfalls als Bendable Legs Ausgabe erhältlich. Seine Kleidung bestand aus einem roten Nylonshirt und einer buntgemusterten Baumwollshorts.

Malibu Ken in Box von 1971
#1088
45,– Euro/180,– Euro
©1968/Mattel, Inc./U.S. & For. Pat´d/Other Pat´s/Pending/Hong Kong

1971 erschien Ken mit einer sonnengebräunten Haut und blonden Haaren. Sein Originaloutfit war eine rote Badehose aus Nylonstoff.

Walking Ken in Box von 1972
#1184
60,– Euro/200,– Euro
©1968/Mattel, Inc./U.S. Pat. Pend./Taiwan

Der Walking Ken hatte genau wie die weiblichen Puppen ein fahrbares Podest. Auf diesem Podest konnte man ihn befestigen und wenn man es hin und her schob, machte Ken Laufbewegungen. Bekleidet war er mit einer karierten Hose und einem blauen Kurzarmhemd.

Life Action Ken von 1971
#1159
65,– Euro/180,– Euro
©1968/Mattel, Inc./Taiwan/ U.S.&For.Pat´d/Patented in/ Canada 1967/Other Pat´s/ Pending

1971 kam in der Life Action Serie natürlich auch eine männliche Puppe auf den Markt. Diese Ken-Ausgabe hatte eine sehr bewegliche Taille und knickbare Kniegelenke. Sein poppiges Outfit bestand aus einer goldgelben Satinhose, einem bunten Nylonhemd, einer braunen Fransenweste aus Velours und braunen Schnallenschuhen.

Busy Ken von 1972
#3314
65,– Euro/180,– Euro
©1968/Mattel, Inc./
U.S.&For. Pat´d/
Other Pat´s/Pending/
Hong Kong

Die Busy Ken Ausgabe hatte knickbare Kniegelenke und Ellbogen, bewegliche Hände und Daumen, braunes Haar und blaue Augen. Kens Originaloutfit bestand aus einem roten Top, einen braunen Gürtel, einer Jeanshose und weißen Turnschuhen. Als Zubehör dienten ein Koffer, ein Plattenspieler, ein tragbares TV-Gerät und ein Tablett mit 2 Bechern.

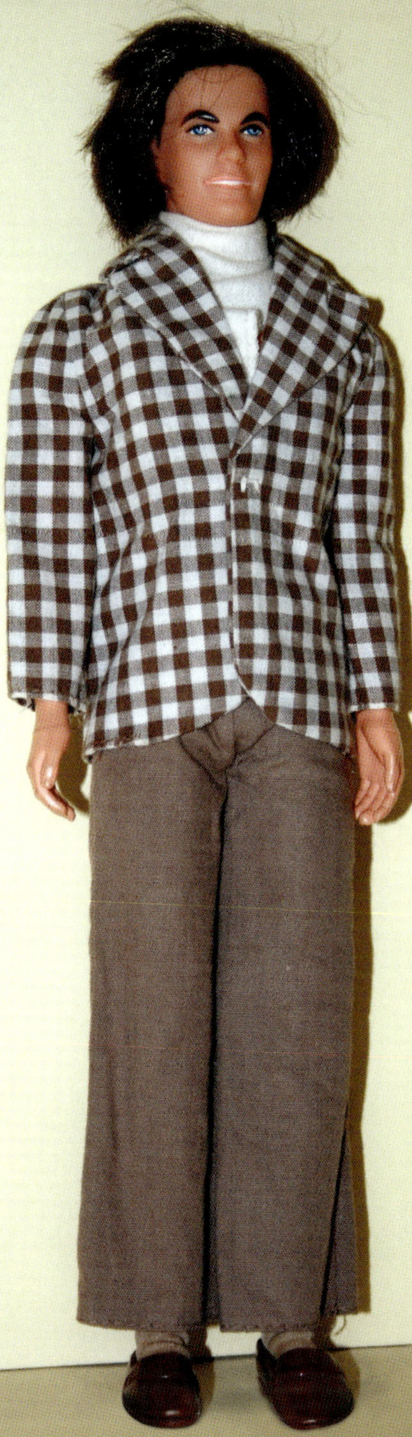

Mod Hair Ken von 1973
#4224
45,– Euro/120,– Euro
©1968/Mattel, Inc./
U.S.&For. Pat´d/
Other Pat´s/Pending/
Hong Kong

1973 bekam Ken kämmbares Haar. Er gehörte zur besonders frisierbaren Quick Curl Serie. Seine Haarfarbe war Brünett, er hatte blaue Augen und knickbare Kniegelenke. Bekleidet war er mit einem braun/weiß karierten Blazer, einer braunen Hose, einem weißen Rollkrageneinsatz und braunen Schnallenschuhen.

Montgomery Ward´s Ken
von 1975
#4234
65,– Euro/190,– Euro
©1968/Mattel, Inc./
U.S.&For. Pat´d/
Other Pat´s/Pending/
Hong Kong

Der Montgomery Ward´s Ken war identisch mit der Mod Hair Version, nur das Outfit wurde verändert. Bekleidet war er mit einem hellblauen Satinblazer, einer schwarzen Hose, einem hellblauen Hemdeinsatz mit schwarzer Fliege und schwarzen Schuhen.

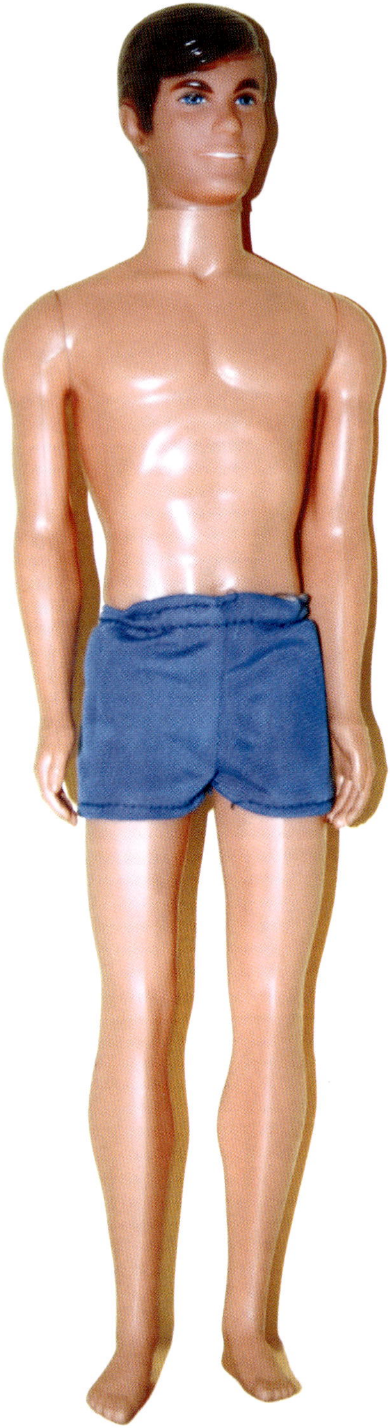

Funtime Ken von 1975
#7194
45,– Euro/90,– Euro
©1968/Mattel, Inc./U.S.&For. Pat´d/Other Pat´s/Pending/Taiwan

Der Funtime Ken hatte eine helle, rosige Hautfarbe, knickbare Kniegelenke, braunes Haar und blaue Augen. Bekleidet war er mit einer blauen Badehose aus Nylonmaterial.

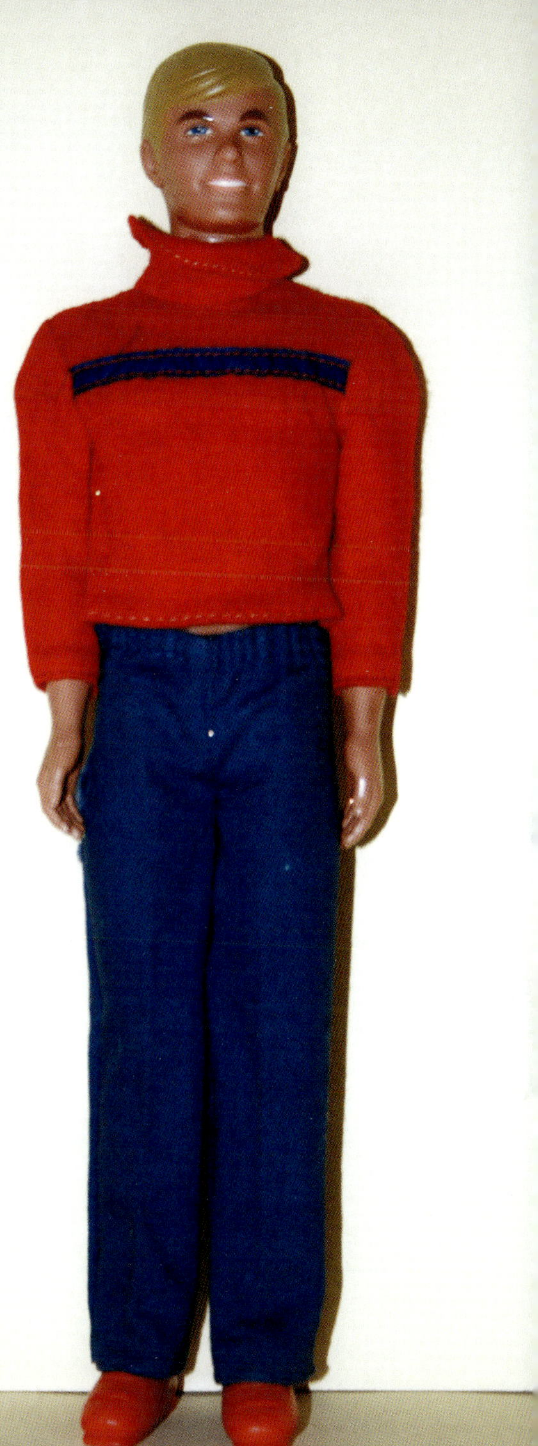

Sun Valley Ken von 1974
#7809
45,– Euro/110,– Euro
©1968/Mattel, Inc./U.S.& For.Patd/
Other Pats./Pending/Taiwan

Der Sun Valley Ken hatte blondes Haar, eine sonnengebräunte Haut, knickbare Kniegelenke und blaue Augen. Er war mit einem Ski-Outfit bekleidet, das aus einer blauen Hose, einer blauen Jacke (nicht abgebildet), einem roten Pulli mit blauem Streifen, blauen Skischuhe und Skiern bestand.

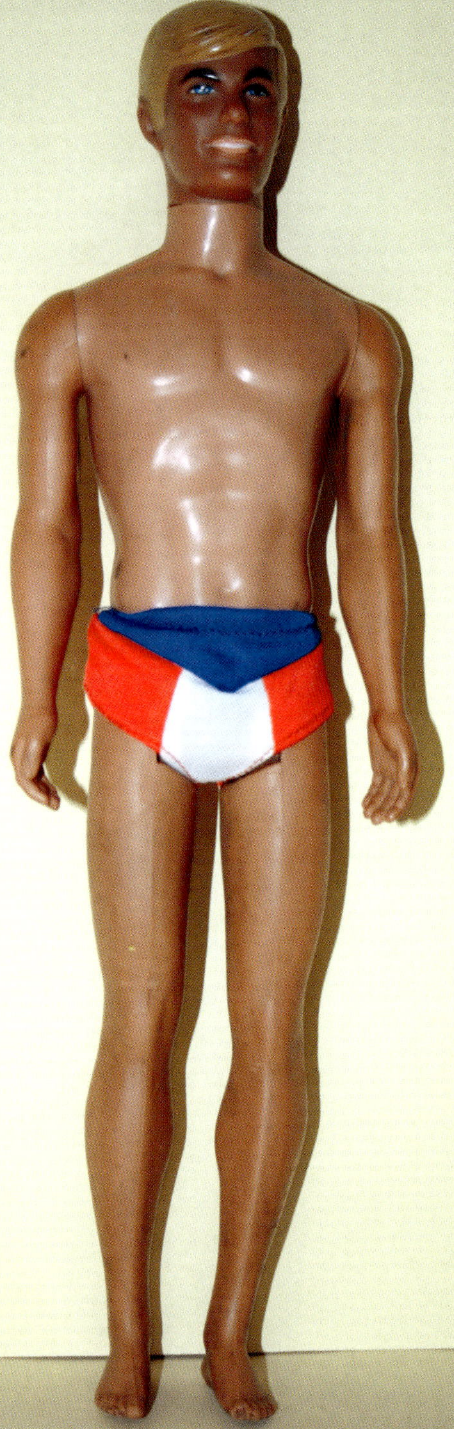

Gold Medal Ken von 1975
45,– Euro/ 100,– Euro
©1968 Mattel, Inc./Taiwan/ U.S.&Foreign Patd./Patd. In Canada 1967

Die Gold Medal Puppen hatte eine sonnengebrannte Haut, knickbare Kniegelenke und blondes Haar. Ken trug eine blau/weiß/rote Badehose und eine Goldmedaille.

Malibu Ken von 1974
#1088
45,– Euro/90,– Euro
©1968/Mattel, Inc./U.S. & For. Patd./
Other Pats./Pending/Taiwan

1974 erschien eine weitere Ausgabe des Malibu Kens. Sein Äußeres war unverändert, aber er war jetzt mit einer grünen Badehose aus Nylonmaterial bekleidet.

Free Moving Curtis in Box
von 1975
#7282
95,– Euro/200,– Euro
©1968/Mattel, Inc./Taiwan/
U.S.Patent/Pending

Curtis hatte einen vollbeweglichen, sportlichen Körper. Am Rücken hatte er einen Griff, so konnte man ihn frei bewegen. Bekleidet war er mit einem einteiligen Anzug, der ein orange/weißes Oberteil und ein weißes Hosenteil hatte, weißen Socken und weißen Turnschuhen. Ein Golfschläger und ein Tennisschläger wurden als Zubehör mitgeliefert.

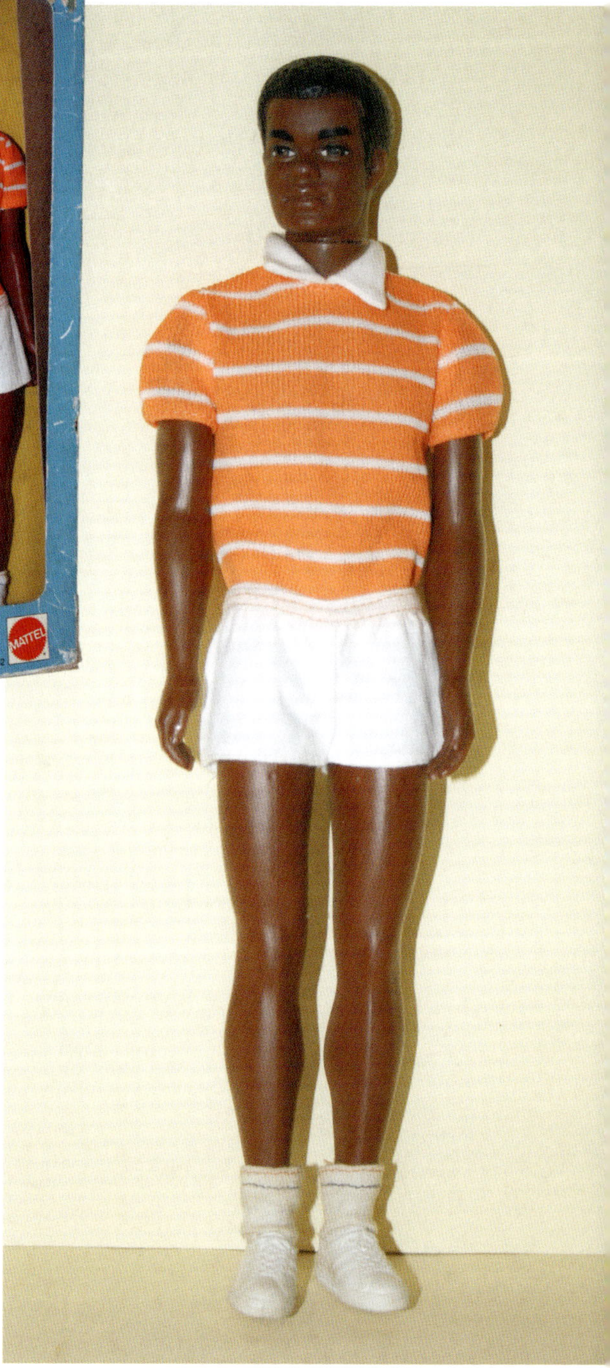

Free Moving Ken von 1975
#7280
45,– Euro/120,– Euro
©1968/Mattel, Inc./Taiwan/
U.S.Patent/Pending

Die Ausgabe des Free Moving Kens hatte den gleichen Körper, nur in heller Hautfarbe, wie der Free Moving Curtis. Sein Outfit war ebenfalls identisch, nur das Oberteil war rot/weiß gestreift und als Zubehör dienten ein Golfschläger und ein Tennisschläger.

Skipper Straight Legs in Box von 1964
#0950
65,– Euro/160,– Euro
©1963/Mattel, Inc.

1964 kam Barbies kleine Schwester Skipper auf den Markt. Sie hatte steife Beine, blaue Augen und glattes, langes Haar. Ihre Haarfarben waren in allen Schattierungen vorhanden. Bekleidet war sie mit einem rot/weißen Badeanzug und roten, flachen Schuhen.

Skooter Straight Legs in Box von 1965
#1040
65,– Euro/160,– Euro
©1963/Mattel, Inc.

1965 folgte dann gleich Skippers Freundin Skooter, sie hatte braune Augen, Sommersprossen, steife Beine und Zöpfe. Sie war in den Haarfarben Blond, Brünett und Tizian erhältlich. Bekleidet war sie mit einem rot/weißen Bikini und flachen, roten Schuhen.

Skipper Bendable Legs
in Box von 1965
#1030
85,– Euro/290,– Euro
©1963/Mattel, Inc.

1965 folgte Skipper mit knickbaren Kniegelenken, sie hatte keine Drehtaille und knickbare Beine. Bekleidet war sie mit einem blauen Badeanzug der im Vorderteil einen rot/weißen Einsatz mit Anker hatte.

Skooter Bendable Legs mit Box von 1966
#1120
85, Euro- /290,– Euro
©1963/Mattel, Inc.

1966 folgte dann gleich die Bendable Legs Ausgabe der Skooter-Puppe. Sie war mit einem zweiteiligen Strandoutfit, das die Farben Rot und Blau hatte, bekleidet.

Twist´N Turn Skipper in Box von 1968
#1105
95,– Euro/300,– Euro
©1967 Mattel, Inc./U.S. Pat´d/
U.S.Pats.Pend./Made in Japan
©1967 Mattel, Inc./U.S. Pat´d/
U.S.Pats.Pend./Made in Taiwan

Die neue Twist´ n Turn Ausgabe der Skipper hatte eine bewegliche Drehtaille und eingezogene Wimpern bekommen. Auch ihr Outfit war neu, sie war mit einem hellblau/rosa gestreiften Badeanzug bekleidet.

Twist´N Turn Skipper von 1969
#1105
95,– Euro/300,– Euro
©1967 Mattel, Inc./U.S.Pat´d/
U.S.Pats.Pend./Made in Taiwan

Skipper bekam nun eine neue Frisur, die zu Korkenzieher-Zöpfen gebunden war. Sie wurde in den Haarfarben Blond und Brünett produziert. Bekleidet war sie mit einem rot/lila karierten Badeanzug und roten Schuhen.

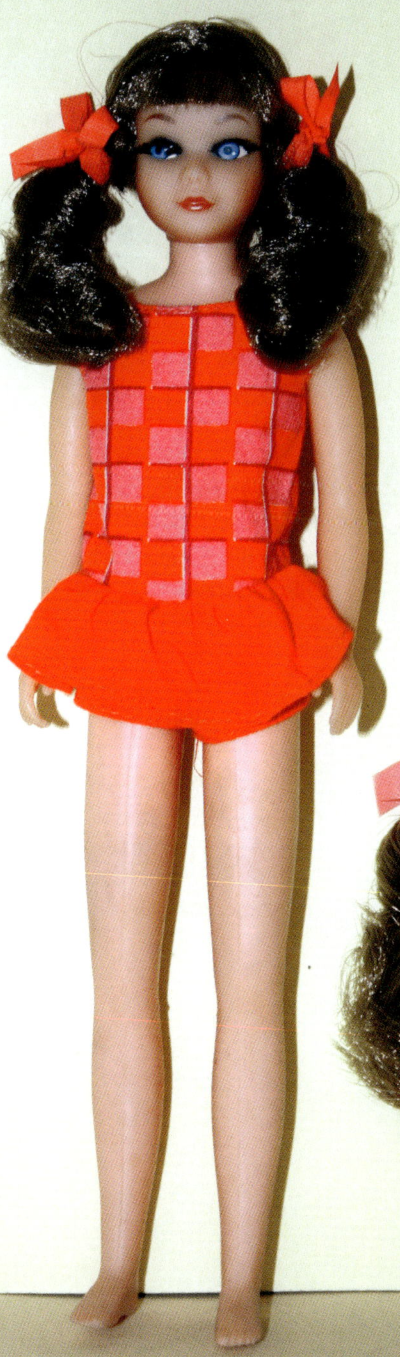

Twist´N Turn Skipper in Box von 1970
#1105
95,– Euro/300, - Euro
©1967 Mattel, Inc./
U.S.Pat´d/U.S.Pats.Pend./
Made in Taiwan

Die neue Ausgabe der Banana Curl Skipper hatte ein etwas breiteres und rosigeres Gesicht bekommen. Sie war in den Haarfarben Blond und Brünett erhältlich und mit einem orangefarbenen Bikini und einer transparenten Strandjacke in den Farben Gelb und Orange bekleidet.

Malibu Skipper von 1971
#1069
30,– Euro/110,– Euro
©1967 Mattel, Inc./U.S.Pat´d/U.S.Pats.Pend./
Made in Japan

Die Malibu Skipper hatte eine sonnengebräunte Haut, eine Drehtaille, knickbare Kniegelenke und langes, blondes Haar. Bekleidet war sie mit einem orangefarbenen Bikini aus Nylon.

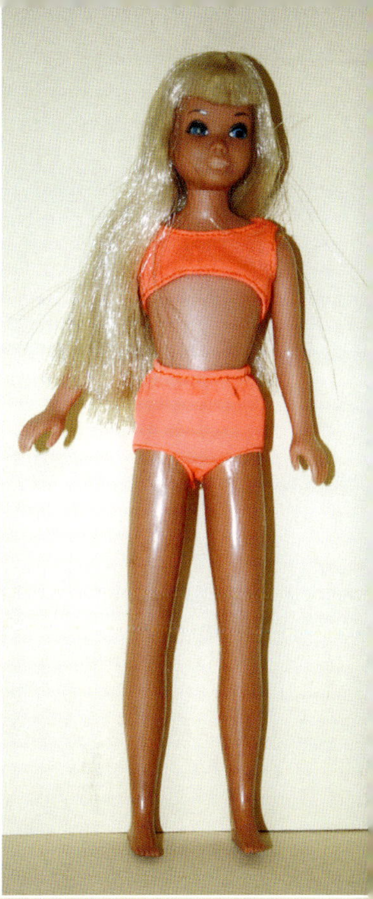

Living Skipper in Box von 1970
#1117
70,– Euro/220,– Euro
©1969 Mattel, Inc./Taiwan/U.S.&For.Patd./Other Pats.Pend./Patd. In Canada 1967

1970 bekam auch Skipper einen vollbeweglichen Körper. Sie hatte knickbare Ellbogen und Kniegelenke, eine Drehtaille und bewegliche Hände. Ihr blondes Haar war zu schulterlangen Zöpfen frisiert und sie hatte eingezogene Wimpern. Bekleidet war sie mit einem einteiligen Badeanzug, der die Farben Blau, Grün und Pink hatte.

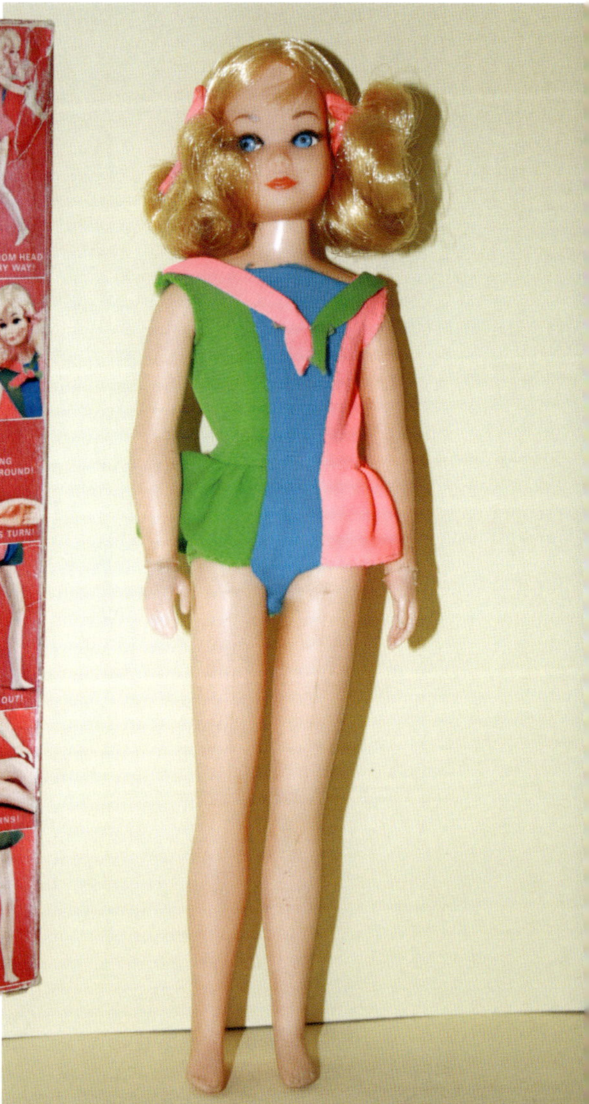

Living Fluff in Box von 1971
#1143
70,– Euro/220,– Euro
©1969 Mattel, Inc./Taiwan/U.S.&For.Patd./
Other Pats.Pend./Patd. In Canada 1967

Ein Jahr später kam die Living Fluff, eine ganz neue Puppe, auf den Markt. Ihr Körper war identisch mit dem Körper der Living Skipper. Sie hatte blonde Zöpfe, braune Augen und eingezogene Wimpern. Bekleidet war sie mit einem einteiligen Strandanzug, der einen orangefarbenen Rock und ein gelb/grün/orange gestreiftes Oberteil hatte.

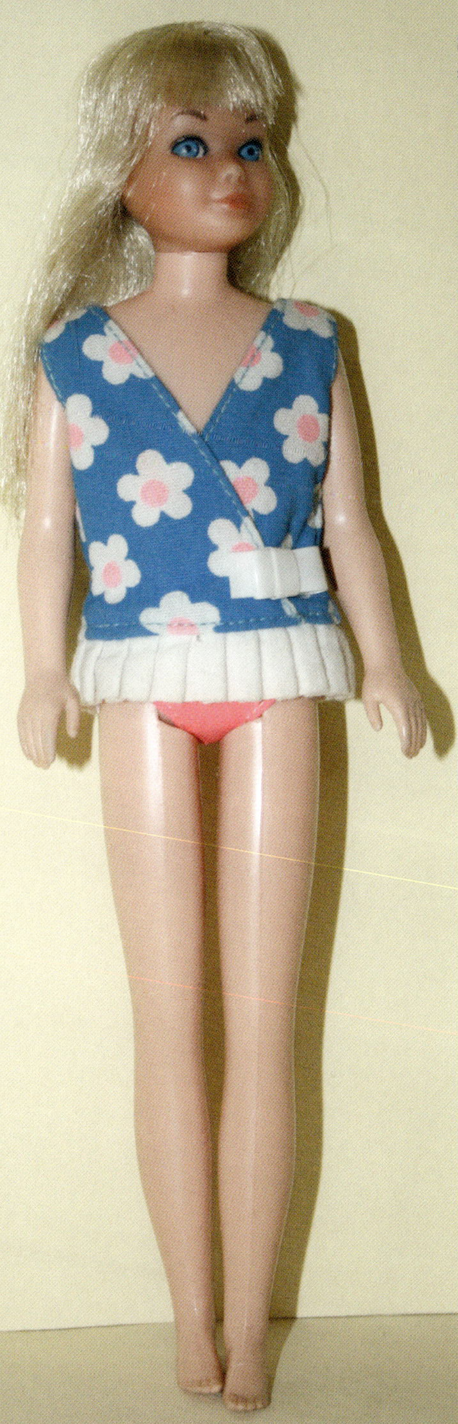

Skipper Straight Legs von 1972
#8519
90,– Euro/300,– Euro
©1967 Mattel, Inc./U.S.Patented/
U.S.Pat.Pend./Made in Taiwan

Speziell für den deutschen Markt erschien 1972 eine Straight Legs Skipper in einem blauen Badeanzug mit Blumen und einem weißen Rockteil. Sie hatte steife Beine und eine bewegliche Drehtaille. Da sie nur in geringen Stückzahlen produziert wurde, hat sie einen hohen Sammlerwert.

Pose´n Play Skipper von 1972
#1179
50,– Euro/110,– Euro
©1969 Mattel, Inc./Taiwan/U.S.&For. Patd./Other Pats.Pend./Patd. In Canada 1967

Eine weitere Ausgabe der vollbeweglichen Puppen war die Pose´n Play Skipper. Sie hatte blondes Haar, blaue Augen und gemalte Wimpern. Sie trug einen hellblau/weiß karierten, einteiligen Strandanzug.

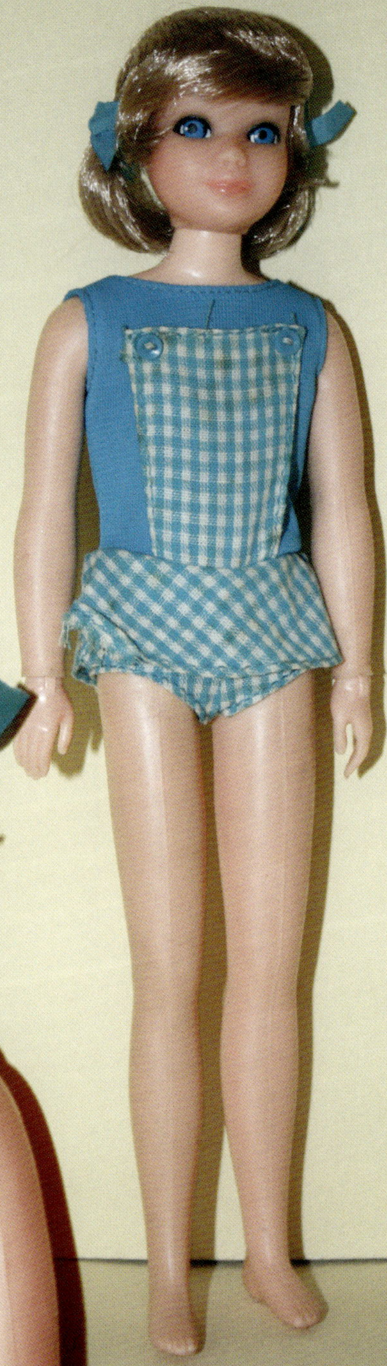

Pose´n Play Tiff von 1972
#1199
160,– Euro/450,– Euro
©1969 Mattel, Inc./Taiwan/U.S.&For.Patd./ Other Pats.Pend./Patd. In Canada 1967

1972 wurde eine weitere Freundin der Skipperpuppe vorgestellt. Sie hatte den Namen Tiff und rotes, schulterlanges Haar. Ihre Wimpern waren aufgemalt und sie hatte braune Augen. Bekleidet war sie mit einer Jeanshose, einem weißen Top und weißen Turnschuhen (nicht abgebildet).

Quick Curl Skipper
in Box von 1973
#4223
50,– Euro/ 110,– Euro
©1967 Mattel, Inc./U.S.Pat´d./
U.S.Pats.Pend./Made in Taiwan

Natürlich durfte in der Quick Curl Serie die kleine Schwester Skipper nicht fehlen. Sie hatte das typische Drahthaar in der Farbe Blond, gemalte Wimpern, blaue Augen, eine bewegliche Drehtaille, knickbare Kniegelenke und Sommersprossen.

Malibu Skipper von 1973 und Funtime Skipper von 1975
30,– Euro / 110,– Euro
#1069 und #7193
©1967 Mattel, Inc./U.S.Pat´d/ U.S.Pats.Pend./Made in Korea

Die Malibu Skipper und ihr Outfit waren mit der vorherigen Ausgabe identisch, nur die Markierung der Puppe hatte sich geändert.

Die Funtime Skipper hatte langes, blondes Haar, eine rosige Hautfarbe, eine bewegliche Drehtaille, knickbare Kniegelenke und gemalte Wimpern. Bekleidet war sie mit einem gelben Bikini.

Growing Up Skipper von 1975
#7259
65,– Euro/120,– Euro
©1967/Mattel, Inc./Hong Kong/U.S.&For.Pat.

Die Growing Up Skipper hatte einen wachsenden Körper. Wenn man den Arm drehte wurde der Oberkörper länger und Skipper bekam eine kleine Brust. Sie hatte langes, blondes Haar, blaue Augen und gemalte Wimpern. Ihr Originaloutfit bestand aus zwei rot/weiß karierten Röcken, einem roten Body mit blauen Kragen, roten Kniestrümpfen und roten Schuhen.

Growing Up Ginger
von 1975
75,– Euro/130,– Euro
©1967/Mattel, Inc./Hong Kong/U.S.&For.Pat.

Skippers Freundin Ginger hatte ebenfalls den wachsenden Körper, aber braunes Haar. Ihr Originaloutfit bestand aus zwei verschiedenen, hellblauen Röcken, einem hellblauen Body, rosafarbene Strümpfe und weißen Schuhen.

Tutti von 1966
#3550
70,– Euro/170,– Euro
©1965/Mattel, Inc./Japan

Barbie bekam 1967 eine weitere kleine Schwester mit dem Namen Tutti. Sie hatte einen vollbeweglichen Körper aus Gummi, der aus einem Stück gefertigt wurde. Ihre Augen waren blau und sie war in den Haarfarben Blond und Brünett erhältlich. Bekleidet war sie mit einem rosa/weiß karierten Sommerkleidchen, passendem Hut und weißen Schuhen.

Todd von 1967
#3590
70,– Euro/170,– Euro
©1965/Mattel, Inc./Japan

Tuttis Freund Todd hatte den gleichen vollbeweglichen Körper. Er hatte rotes Haar und braune Augen. Bekleidet war er mit einer karierten Shorts, einer passenden Kappe, einem blauen Hemd, weißen Söckchen und roten Schnürschuhen.

Tutti von 1967
#3550/3580
70,– Euro/170,– Euro
©1965/Mattel, Inc./Japan

Die neue Tutti-Ausgabe hatte jetzt eine Pony-Frisur und ein neues Outfit bekommen. Sie war mit einem Sommerkleidchen mit Blumenmuster und weißen Schuhen bekleidet.

Chris von 1967
#3570
80,– Euro/180,– Euro
©1965/Mattel, Inc./Japan

Eine weitere Freundin der kleinen Puppen war Chris. Ihre Haarfarben waren Blond, Brünett und Tizian und ihre Augen waren braun. Sie hatte den gleichen Körpern wie Tutti und Todd und trug ein poppiges Sommerkleidchen in den Farben Pink, Orange, Gelb und Grün.

Buffy und
Mrs. Beasley
von 1968
#3577
100,– Euro/350,– Euro
©1965/Mattel, Inc./
Japan

1968 erschien Buffy mit ihrer Puppe Mrs. Beasley, sie waren die Hautdarsteller in der Serie „Lieber Onkel Bill“. Buffy hatte den typischen Tutti-Körper und rote, schulterlange Korkenzieher-Zöpfe. Sie trug ein rot/weißes Sommerkleidchen, weiße Söckchen und rote Schuhe. Die Stoffpuppe Mrs. Beasley hatte einen Vinyl-Kopf, blondes Haar, hellblaue Kleidung mit gelben Punkten und eine schwarze Brille.